数値文化論

岡部進 著

ヨーコ・インターナショナル

まえがき

数値氾濫《はんらん》の日々の出来事を見ていると疑問がわく。コンビニの入り口に、

「おにぎり１００円」

とあるけれど、

「この値段は誰が決めているの？」

と質問されると、

「経営者でしょ」

と、咄嗟《とっさ》に言ってしまって、

「はたしてそうなのか」

と全く見当がつかない。

　また、

「いま、為替レートで1ドルは何円なの？」

と質問されて、急遽《きゅうきょ》、インターネットで検索して、

「１１７円３８銭」（平成２９年1月9日１６時０５分）

と答えると、

「４、５年前に比べると？」

「７９円５２銭だから、円安だね」

（インターネットYAHOO！JAPANファイナンス平成２４年５月２９日１５時１９分検索）

と云ってもその先の質問で、

「この為替レートは誰が決めているの？」

といわれると全く返答に困る。

世の中には、

「直ぐに分かるとは限らない数値がいっぱいあって、しかも身辺で起こっている」

ことが多い。

けれども、確かなことは、

「１００円とか、１１７円３８銭とかのように量化されている」

と、時代性や曖昧さが消えることだ。

この数値氾濫の世の中で「量化」で活躍しているのが数学である。

数学は、

「個物を数える、道のりや広がりをはかる、形を整える、両替、・・・、土木、経済」

などの生活全般にかかわり、円、銭、メートル、キログラムなどの量単位が伴う「量」を扱う。

また数学は、量単位を取り去った１００や１１７３８のような「数」も扱う。

さらに、１００円や１１７円３８銭を、その時点にとどまらないで、一歩進めて、前後や期間で捉えることもするから、大量数値（データ）も扱う。

したがって、１個の数値をある時点のデータとして扱うと共に、時の経過のデータとして位置づける。

　このように数学は日常のデータをいろいろに扱って、そこに潜む特徴や法則を明らかにすることを目指している。

　ところが、人間の癖であるといってしまえばそれまでであるが、データには時代性が反映しているのにもかかわらず、データを単独に個別に見てしまうという風潮も生まれている。

　たとえば、

「いまがいいから先もいい」

と、1個の数値を見るだけで喜ぶという楽観論もある。

　この一方で、

「いまが悪いから、先もずっと悪い」

という悲観論もある。

　こうしたいま、数値文化が生み出す数値（出来事）について、本書が目指すのは、

・一つひとつの数値を幅を持って見ていく

・揺れる数値もやがて一つの数値に収束する

・個々の数値に潜む真実は、幅のある集積の数値（データ）の中に見えてくる

という捉え方である。

　そしてこの捉え方を生かす数学を筆者は、

「生活数学」

と呼称している。

とはいっても、

「生活数学の中身は何か？」

という疑問が湧くに違いない。

こうした疑問に応えるために本書は、次のような構成になっている。

第1章は、数値文化とは何かを追求する。科学技術の進歩の恩恵を受けてレシートやキャッシュカードが普及するが、一方で「格安」や「○○％引き」という表現数値が氾濫する。こうした現代の生活環境を数値文化の諸相として捉えてみたい。そして今、数値や数値計算から人々が開放されているけれども、生活を営む上で「よかった」側面と「失われた」側面の二面性が人々の意識に生まれている。この意識現象にも目を向ける。

第2章は、数値文化に潜む数学の実像を会社員A氏の日常を通して観察する。そして誰もが「朝から数学をしている」という現実を掘り起こしたい。

第3章は、数値文化が空気のように生活に浸透しているなかで、「系統性を重視した」学校数学は生活に機能しなくなっているのではないかという問題提起である。そして改革への方向性として、「生活数学」の理念を提示したい。

なお、本章は日刊新聞数社への投稿原稿を基に加筆してまとめた。

第4章は、「ミニ講演会」（セッションと呼称。月一回、第四火曜日開催）の講話原稿を基に加筆してまとめた内容で、数値文化が日々生み出す大量数値（データ）を如何に処理してその内実と特徴を他者に示していくか、この処理の一端を詳述する。

まえがき

本書は「続生活数学シリーズ」の第二冊目である。
刊行に当たってヨーコ・インターナショナルの前田洋子さんにお世話をいただいた。ここに感謝を申し上げる。

２０１７年１月１０日

ヨーコ・インターナショナル事務所にて　岡部　進

☆☆ 数値文化論 ☆☆

目次

第１章　数値文化の諸相

――「数値」万世《よろずよ》の時代

1　巷《ちまた》にあふれる数値

レシートに目を向けて

いま巷には数値があふれている。こういうと、

「ほんと？」

とびっくりする人もいるに違いない。

現金で買物をしても、またクレジットカードで買物をしても、レジ（会計）では必ずレシートが渡される。

「買物でレシートをもらいましたか？」

と訊ねると、

「店員さんに〈いらない〉と言って、もらわなかった！」

「それは残念」

「レシートはもらっておくものなの？」

「そうですね」

こんなやり取りがいま必要である。

レシートには、

「買物した商品の代金や消費税などの数値や数値計算の結果が記入されている」

から、

「領収書」（写真１）に見える。けれども、購入した人の氏名がどこにもないから、

「計算書」の類になる。したがって、
レシートには、

「点検をどうぞ」

「活用してください」

と言う意味が、言葉で教えてくれないけれども、隠されている。


この点に気付くと、レシートにもっと関心を持つべきである。

レシートのよさ

また他にもレシートには、積極的な意味がある。

①自分だけへの計算書なのだから、他人に使われないようにする

②一枚のレシートではその場限りの買物であるが、ためることで買物傾向が生まれる

など、レシートを保管するよさに気づかされる。

◆◆◆ 領 収 証 ◆◆◆
＊毎度ありがとうございます＊
2013年 4月 7日（日） 18:27

808012 ﾆｯｺｳｲﾛﾊｱｹﾞ ¥148
404102 Aﾌﾞﾀﾛｰｽ
¥380 2個 ¥760
＊A 2個 ¥680 -¥80
¥760を¥680にしました
404001 Bｷﾞｭｳｶﾀ
¥580 2個 ¥1,160
値引 -¥490
＊B 2個 ¥980 -¥180
¥1,160を¥980にしました

小計 20点 ¥4,841
（内税対象額 ¥4,841）
（消費税等 ¥230）

現計 ¥4,841
お預り ¥10,000
お釣り ¥5,159

写真１　レシートは領収書？

とりわけ、②に注目したい。

「レシートを保管することは、〈数値を集める〉こと」

であって、

「数値に関心を持つ」

ことに結びつく。

数値に関心を持てば、

「数値の意味を考える」

ことに繋《つな》がる。

考えると必然的に、

「レシートを内容に沿って仕分けをしたくなる」

という心理が働く。

この心理は人間の本性であるのだろうか。

例えば、次のようなレシートの使い方である。
（a）レシートの数値を週単位、月単位で観察する。
（b）品目ごとにレシートを分けて数値を束ねる。
（c）品目ごとに週単位、月単位で変動を見る。
こうした捉え方は、

「時系列のデータの誕生を意味する」

ということになる。

また、だから、

「時系列のデータは、数値を日々の流れの中で集めるから意味をなす」

ということにも繫がる。

「レシートはいらない」という行動

しかし、レシートを入れる箱がレジのところに用意されているのを見かけると、

「レシートを受け取らないで帰ってしまう人もいる」

ということだから、

「捨《す》てている」

ということにもつながる。

また、

「受け取ってもその場限りで保管しないで捨ててしまう人もいる」

という。

こうした人たちは、どのような理由があるにせよ、

「自分にとっての計算書であっても、そこには数値や数値計算が存在していることに関心がない」

ということであろう。

スイカカード行動

こうした数値や数値計算への無関心さは、情報化時代の産物であるに違いない。というのも、首

都圏の交通機関で主に使われているスイカカードに馴染《なじ》んでいる人たちにも見られる現象であるからだ。

スイカカードを使うと、

・運賃表を見なくてもいい
・券売機の前に並ばなくてもいい
・切符が要らない
・他社の電車に乗換えるにしても、その都度《つど》、切符を買わなくてもいい

というわけで、いまや運賃を確認しないまま電車に乗っている人が多数派である。筆者もその一人で、これではいけないと意識しつつも、運賃表を見ないで電車に乗っている。

当然のように、

「運賃を示す運賃表の数値に無関心になっている」

から、

「数値計算不要に拍車《はくしゃ》が掛かる」

ということになる。

こうした生活に慣《な》れてしまうと、

「小・中学校の頃は、数値計算に長《た》けていたけれど……」

と言うことになって、

「数値計算からの逃避」

も始まる。

「数値は他者」

となって、

「自ら数値を使って対象を捉《とら》える」

ということをしなくなる。

そして、

「数値計算は他者任《まか》せ」

になる。

新聞を読む場面から

こうした心理は、他の場面にも必ず波及する。例えば、新聞を読むという行為だ。

「新聞を読んでいても数値が出ている表や図は飛ばす」

という行動が生まれることだ。

もちろん、こうした行動は、極端であるのかもしれないが、

「数値の出ている記事でも数値の意味を自問自答することが億劫《おっくう》になる」

というのは確かであろう。

そして、このような行動はエスカレートするから、行き着くところは、

「数・量・形への関心の喪失《そうしつ》」

ということになる。

さらに、喪失の繰《く》り返しの習慣と積み重《かさ》なって、

「数学が自分から遠《とお》ざかって行く」というのが無意識のうちにすすむ。

数値に関心を持つとは……

それでは数値に関心を持つと、どのようなことが出来るのだろうか。
次のことが考えられる。

①数値に誘惑されることもない
②数値に埋没しない
③数値を使うようになる
④数値をためることから、最大値や最小値に目がいく
⑤全体像を平均で見るとか散らばり（標準偏差）で見るとかの見方が芽生える
⑥データ（数値）を図に表現する方向が生まれる
⑦図の特徴を掴むことで、データの内的特徴を取り出すことが出来るようになる
⑧パソコンのエクセルを使うようになる
⑨インターネット検索でデータを取り出して観察することができる
⑩数値を生活の営みの中に取り入れて、数値を生活に生かそうとする目が育ってくる
⑪「生活数学」（まえがき）への関心も高まる。
こうしたプラス志向の効果が期待される

データをためる意味

数値のよさは、なによりも、

「数値が溜《た》まる」

ことである。

「日々受け取るレシートを溜める」

だけで、自動的に数値が集まる。

このように

「日々の数値を整理」

しておけば、同時に、

「時系列のデータになる」

というわけである。

この点で、

「数値のよさは時系列のデータが自動的に作れる」

ことである。

このよさを生かして、今ではどのショッピングセンターも小売店もレジに連動するようにしてコンピュータ処理で日々の購買需要の数値を溜めて、需要の時系列データづくりを日常の仕事としている。

この需要の時系列データは、一方でメーカーの生産調節に生かす。こうして、

「時系列データ作りは、需要と供給や購買の実態を把握する資料」

として、その存在を高めている。

数値に強くなるための道案内

数値を大事にすることは生活を賢く豊かにする第一歩である。また数値を大事にすることで、次第に数値に強くなる。

しかし、数値に簡単に強くなるともいえない。では、どうするか。

例えば、健康維持として、健康のパラメータとしての血圧に気持ちが行って、自宅で血圧を測定することを思いつく。

こうした時、次のような方策はどうだろうか。

①医院に行って、医者に相談して血圧測定器と記入ノートを購入する

②毎朝、起床して1時間内に測定する

③測定結果として、血圧の高い方と低い方、脈拍の三つを同一紙面に記入する

④1週間分、2週間分、3週間分と溜める

⑤こうして、時系列データが生れる

⑥1ヵ月分のデータを方眼紙に点列として写し、折れ線（図）で表してみる

⑦折れ線の全体像を観察する

こうした手順を踏むと、

「自分の健康状態は数値でみる」

ことが出来る。

つまり、①～⑦の流れは、

「すでに生活数学をしている」

という事になって、

「数学を使って自分で健康管理が出来る」

と言うことになる。

この行動は、

「数値のよさを楽しんでいる」

ということにもつながる。


このような例から、数値のよさを追求するとすれば、次のようなことも言える。

（ａ）時系列データが作れる。

（ｂ）数値で社会現象が捉えられる。

（ｃ）経済動向が数値で分かる。

2 「格安《かくやす》」の風がいまも吹いている

ディスカウントショップ現象

古い商店街を歩く

東京新宿の郊外の住宅地を歩く。ここは第二次世界大戦でも焼けなかったというだけに古い町並みが残り、道路も乗用車が一台ぐらいしか通れないから、一方通行である。

商店街も、昔のままだ。立ち止まって洋服店の前に立つ。

「いらっしゃいませ、格安になっておりますから、どうぞ、……」

と女店員に声をかけられる。

女性用の洋服ばかりが吊るされている。手作りらしい洋服であるが、時代の先端を行くようでないから、若い女性には買ってもらえないのかもしれない。

中に入るまでもなく、店のちょっと奥には、

「定価の2割引き」

という札の商品が並ぶ。

「値引《ねび》きしても売れないらしい?」

と、思いながら、渋谷の青山通りを思い出す。

少し先に行くと、歩道の隅《すみ》に、

「不動産・住宅案内」

の立看板が並ぶ。

「賃貸《ちんたい》の戸建てや賃貸マンションの部屋」

などを探している人たちへの案内広告である。

　ここにも数値がひときわ目立つ。

　また、その先には、

「果物《くだもの》や野菜《やさい》が歩道のぎりぎりまできれいに並ぶ」

という八百屋があって、「店棚《みせだな》」には、定価を示す数値の札がひときわ目立つ。札を見ながら、

「新鮮と安売りをモットーとした店のようだ」

「胡瓜《きゅうり》も茄子《なす》も新しくて安いねぇ」

と、思わず口にしてしまう。

「こんなに安い値段で売っているなんて生産農家も大変だ！」

と、６０数年前の少年時代を思い出す。

　終戦直後にサラリーマンを退職して百姓《ひゃくしょう》になった父と母の日々は大変だった。

・５月の中間試験のときは麦刈りと脱穀

・６月に入ると田植えの準備

写真２　昔のままの雰囲気が残る商店街　東京・渋谷にて

・7月の期末試験のときは田の草取り
・10月の中間試験のときは稲刈りと脱穀
・12月の期末試験のときは麦踏《むぎふみ》
というように、いつも定期試験にぶつかっているのが百姓仕事。

「百姓なんてやっていたら食《く》えない！」

と、ひそかに思いつつ、百姓仕事を手伝った。

今思うと、いい体験をした。父母への感謝を忘れてはいけない。

「割引きの数値」

が目に留まる。

古い町の商店街も、格安の嵐が吹き込んで窮地に追い込まれている。それにしても、どの店に目を向けても、

「格安」

という表示に目がいってしまうのも情けない。

東京・新宿の繁華街

東京郊外から一転してＪＲ新宿駅を目差す。新宿駅の東口や西口を一歩出ると、
・サラリーマン
・買物客
・上京して来た見学人

など、さまざまな人で行き交う。

　ここには

・百貨店
・大型書店
・映画館
・系列珈琲店
・小料理屋
・系列ラーメン店
・中華料理店
・洋食店
・家電や情報機器量販店
・カラオケ店
・パチンコ店

などが混在しているという繁華街である。

　ここを歩いていると目に留まるのは、

「陳列《ちんれつ》されている商品」
「値段を示す数値」

の数々である。

写真３　東京・新宿駅東口周辺

とりわけ、

「情報機器にかかわる商品」

がひときわ目を惹く。

デフレと言う経済状況で売れないからということでもあるのかもしれないが、サイズの大小もかまわないと言うばかりに店先に商品があふれている。

情報機器の「量販店」と言う名前に違《たが》わない商品の山である。

「いらっしゃい、いらっしゃい」

という掛け声が聞こえてくる。若い店員の声がひときわ大きく響き渡る。

大量消費の渦巻き

かつて、

「大量生産と大量消費」

という言葉が流行《はや》った。

この言葉はバブル時代を上手《うま》く表現していたといってもよい。家電製品の量販店にもぴったりな言葉であった。
・大型テレビ
・ビデオデッキ
・自動式洗濯機
・大型冷蔵庫

・冷凍庫

が大量に並ぶ。どれも定価通りの販売であった。

しかしバブル崩壊で日本の経済が落ち込んだ２０世紀の終わりから２１世紀に入って「大量生産と大量消費」という言葉は、

「格安」

に代《かわ》った。

家電製品をはじめ情報機器などを扱う量販店は、バブル時代の常識とされていたという、

「定価販売」

を崩して、

「値引き販売」

を始めた。

これが契機になって、

「値引き率が大きくなった電気商品を売る」

という格安販売の量販店が次々と生れた。

格安販売は、家電や情報機器量販店だけでなく、飲料水や酒類、洋服の類にまで広がり、

「ディスカウントショップ」

という名称が登場し、格安商品の出現を大きく促した。こうして、

「割引商品の大量化」

の格安販売現象が出現した。

「格安」という文化現象

格安販売現象は、副次的に、

「格安数値や割引率を示す数値の氾濫」

を生み出す。

これが格安競争の時代性である。そしてここには時代の新しい文化が生み出されていると言ってもよい。

これを筆者は、

「数値文化」（造語）

という。

いわば新宿駅界隈《かいわい》は、「格安（数値）」から生まれる「数値文化」を象徴するような場所として意味づけられる。

次に、衣類専門店を覗《のぞ》くと、

「格安を前提としての良質、高級さ」

に販売の軸足があるような上質で高級感のある商品が並ぶ。

「安いだけではないね、上品だよ」

と、質の良さを見届けながら、Ｔシャツを数枚も同時に買っていく若者がいる。

もう一つの洋服専門店を覗く。

「スーツがこんなに安く買えるの？」

と、通勤用のしゃれたデザインの縦縞模様《たてじま》が薄く彩《いろど》られたスーツを2着とこれに見合ったYシャツを2枚も買っていく若者に出会う。

大型洋品店では、販売形態もさまざまである。あるフロアでは帽子《ぼうし》、スーツ、Yシャツ、靴《くつ》、靴下などをセットで展示している。

見るからに格好《かっこう》がいい。それに粋《いき》で時代の先を行く男性ファッションである。ここでは、値段を示す数値は目に入らない。

「格好いいけど、この値段ではねぇ」

と敬遠して、大量販売のフロアを目指してエスカレータで降《お》りる若者もいる。

「販売形態に見られる数値文化」がここでも展開されている！

3 「数値」が踊《おど》る活字・イラスト・写真

明日の買物を誘うチラシのテクニック

チラシ作戦

宅配される日刊新聞には、購読者が何も言わなければ、数えるのが面倒なほどのチラシが束ねられて入っている。

「新聞のページ数よりもチラシの枚数のほうが多い」

という。

こうしたチラシは

「新聞綴《と》じ込みチラシ」

と呼ぶらしい。

こうした新聞綴じ込みチラシは、

「時代を反映」

して、一枚一枚の広告チラシに目を向けると、

「販売戦略の一端」

が読み取れる。

確かに、

「チラシ戦略の主役は数値が主役」

であるけれども、

「数値であるがゆえにチラシの限界」

が見え隠れする。

　チラシでは、

「この品質はすばらしい」

と書いても、

「品物を手で確かめられない」

から、チラシの品物が商品になるには、

「新聞購読者のハートを捕《と》らえる表現」

がなければならない。

　最近では、言葉の広告を補《おぎな》うポイント
として使われているのが、

「商品写真」（写真４）

である。それでも現物《げんぶつ》になかなか近づけない。現物の真価《しんか》を示すポイントは、

「販売価格の数値」

であるらしい。

　しかしこれらの数値でも、

「定価を示す数値と割引率」

写真４　あるスーパーの広告チラシから。ここには、商品写真と大小の数値活字が目立つ

の二つが一体となっていることが重要のようだ。

しかも日本人の国民性として、

「品物の質は定価に反映する」

という常識が今も生きているから、

「定価の数値には絶対性が付きまとう」

という。

つまり、チラシの生命線は、

「定価と割引率」

という二つの数値である。

この点を知り尽くしてのチラシ作戦であると、チラシは、

「商品羅列よりも数値羅列」

に重《おも》きを置くことになる。

ここにチラシが作り出す数値文化が生まれる。

チラシ観察

再度、手元にある「新聞綴じ込みチラシ」を見てみよう。商品を売る側では、数値をいろいろにいじることで、商品の売れ行きを高めようとしている。そしてどの商品も定価の絶対性を前面に出して割引率で格安を示しているようにみえる。

けれども実際にチラシを手にとって観察すると、

「チラシの数値表現にはおかしなところがあるね！」

ということに気付《きづ》かされる。

例えば、次の①②③④の場合である。

①定価と売価が一致していない

②定価や売価よりも割引率の活字が大きい

③定価のない割引率表現が見られる

④「激安《げきやす》」という割引率が曖昧な表現

このうち、

①では、定価が不明で売価が出ている。これは最近の販売競争のルールなのかもしれないと錯覚する。

②活字を大きくしても割引率の数値は変らないが、数値にプラスアルファを付けようとするねらいがありそう。いわば数値への心理作戦。

③では、定価を伏せているところに定価の絶対性を保持している。いうまでもなく定価のない商品は存在しないのだから、割引率で誘うと言う心理作戦であろうか。

もちろん、定価がないのに割引率が書いてあるというチラシ内容だから、逆算することで定価を計算することになる。これが面倒というわけ。

④の「激安」という言葉。割引率の大きいことを「激安」というようだが、その数値の規定が分からないから、

「１０％ｏｆｆ」

でも、

「３０％ｏｆｆ」

でも、

「５０％ｏｆｆ」

でも「激安」にすることが可能である。

つまり「激安」という言葉のもつ意味からして、

「相対的表現」

なのだから、

「はじめから割引き基準は存在しない」

のである。

もちろん、「激安」という言葉は相手の購入意欲を掻き立てるという心理作戦であるから、

「言葉の意味する割引率の基準を示す必要がない」

ともいえる。

このように、①②③④から、次のことが分かる。
(ア) 定価でなく、売価だけが一人歩きしている
(イ) 売価が定価になっているのか分からない！
(ウ) 品質と売価との関係が不明である
(エ) 定価や売価から原価を計算することが出来ない
このようにチラシ広告には合点が行かないような巧妙な販売戦術が隠されている。

それにしても、

「チラシ広告は数値一色」

である。

「数値が一人歩きをしている」

といってもよい。

この数値一色現象も、数値文化の一側面を生み出している。

4　数値が作る人工味

「食」文化に異変が起きている！

店頭を飾る飲食店の数値メニュー

繁華街の飲食店が並ぶ街路を昼食時に歩いていると、店の入り口付近の街路に立看板がおかれている。見ると、

「ランチメニュー」

である。これらのランチメニューの表現を見ると、

「大きく書かれた数値の値段」

が目に飛び込んでくる。

「昼食をどこの店にしようか」

と探して歩くサラリーマンの二人連れの後に、しばらく、ついて歩く。

老舗《しにせ》の看板が立つ前に来ると、二人は立ち止まる。

「ランチ１０００円では明日がないな」

「そうだよ」

「ランチは７００円で我慢しよう」

「………」（相槌《あいづち》を打つ）

と、いいながら、先の店を目差《めざ》す。

日中でも夜の看板が目立つような「海鮮」を売りにしている○○（店）の前に来ると、二人は立ち止まって、ランチメニューを覗《のぞ》く。

「ランチタイム／１１時～１４時まで」

という、昼間は3時間だけ営業する店だ。

二人は、そっと中に入る。かなりの混雑だ。二人はメニューを覗《のぞ》く。この店は和洋中心の多彩なメニューであるらしい。つられて覗くと、

「刺身、煮魚、焼き魚、串焼き、トンカツ、焼き肉、………」

とある。なるほど、

「魚と肉のメニュー」

で、多彩で多様なつくりだ。定価は、

「オール６８０～７５０円」

である。この安さが人を呼ぶらしい。

「なるほど数値が先行している」

と、合点する。

家庭経済がちらり

サラリーマンの家庭も緊縮財政を目指すとなると、昼食に２０００円や３０００円をかけるのは論外であるのだろう。

「1000円ぐらいの定食」

でさえも、たまにしか食べられないというわけらしい。

それだけではない。

「弁当を作る」

と言っても簡単ではない。一人分の弁当を作るにも、数種類の食材が必要になる。これらを用意して作るとしても、食材の一部分を使うだけであって、食材の購入費と比べると、

「お弁当は作らないわ、外でね」

と、外食の方が経費節減につながるというわけ。

ここにも数値文化の一側面があるという実感が湧《わ》く。

サラリーマンの昼食行動
——数値文化の実践者

サラリーマンの昼食行動を見ると、その形態は次のようにまとめられる。
①食べるものは数値でコントロールする。
②同一数値で多彩なメニューを目指す。
③多彩な品数から欲する品を選ぶ。
例えば、

「ラーメンを食べたい」

と思っても、

「値段はどうでもいいから美味《おい》しいラーメンを探す」

というのではなく、

「〇〇円だから我慢しよう」

ということで、

「値段から食べたいものを決める」

という行動形態である。

このことは、次のようにも考えられる。
(ア)数値が品質を操《あやつ》る
(イ)数値が質を規定している
この行動形態がいま多数派になっているとするなら、ここに数値文化の一側面を見て、「数値文化は、はじめに数値ありき」の生活から生まれているということになりそう。

このことは当り前であるのかもしれないが、意識化することがいま必要である。

「食」のチェーン店

一方また最近、「食」でも、チェーン店と言われている系列店の普及が進み、しかもディスカウントショップのように、「低価格で料理を提供する店」が増えて競争が激化している。

例えば、牛丼業界の価格競争は、その典型見本であるのかもしれない。ここでは価格競争が日々続いているから、

「品質を越えて数値が主人公」

である。いわばここで行われている「食」の競争は、

「〈食〉の大量生産と大量消費」

であって、

「生産と消費は客が見える近距離でおこなわれている」

という特徴がある。

どの店の「牛丼」も、

「同じ味」

「同じ量」

「同じ値段」

という、

「三位一体の〈量〉と〈質〉の画一化」

であって、いずれも、

「数値が先導している」

というところに特徴がある。

画一の味作り

これらの数値は、

「単に値段だけではなく」

「味作り」

という調理台所にもかかわっている。各種料理は、

「店舗特有の規定量を示す数値」

で表現されている。だから、

「数値が料理を支配している」

という特性を備えている。

こうした傾向は、
・ラーメン業界
・日替わり弁当業界
・洋食業界
・和食業界
も同じであるといっても過言ではない。もちろん、こうした数値の支配は、

「生産者との直接契約」

をすることで、

「質の良い食材を低原価で大量に仕入れる」

という仕組みが確立しているという背景がある　そして、

「仕入れの安定化が進んでいるから可能であって、低価格で料理が提供できる」

というように、

「一連のシステムまで支配している」

というわけである。これをここでは、

「数値化の支配システム」

というように呼称することにする。

個人経営への圧迫

一方で、このような数値化の支配システムは、個人経営の飲食店に影響を及ぼしているという。

というのも、

「質にこだわって多種多様な食材を仕入れようとすると、大量に仕入れるわけにはいかないから経費が嵩《かさ》む」

ことになって、

「チェーン店のように低価格で料理を提供することが困難になってしまう」

という。

こうした低価格化は、

写真５　個人経営の肉店が作るトンカツは人気だ

「やがて個人経営は破綻《はたん》を招く」

ということになるのかもしれない。

格安メニュー店の支配

こうなっていくと時代の進展とともに、「食」は数値に支配された「格安メニュー」のチェーン店ばかりになるであろう。したがって、

・人工的で偏《かたよ》りのあるような味

・味の均一化

・味の独占支配

という現象を生み出すにちがいない。そしてまた、

・自然界が生み出す味が失われる

とともに、

・人工化した味

に人々は支配される。

近い将来、

・食文化に異変をもたらす日が来る

のかも知れない。

5　数値の蓄積は物申す！

数値文化を彩るスポーツ

数値がすべて

　数値に無関心ではいられないのは、国会議員なのかもしれない。２０１１年６月のある日、時の首相の進退を数値で決めようと提出された内閣不信任案は、これをめぐって賛否の議員数が議員の究極の関心事となって、議員間の駆け引きが頂点に達した。首相を退任させようとあの手この手の理屈を並べて、首相の人間性まで否定するような発言をする議員もいた。結局は数値だけが議員の一人ひとりを動かしていた様に思う。

「数値は人を動かす」

というように、また、

「民主主義は最終的に数で決まる」

というように、

「賛否の討論もあった」

けれども、

「議論が形式だけで終わり、賛否の投票に持ち込まれ、反対が賛成を大幅に上回り、首相を数値で信任する」

ということになった。

　確かに、これが民主主義の行き着くところであって、

「数値がものを言う」

とは、こうしたプロセスを含んだ結果としての数値を指すのかもしれない。

　このように一つの数値は、現象が生み出す経過を内包していても経過を表現することができない。

「数値は対象の生成経過の結果」

でしかない。

　では、数値が語るようにするにはどうするか？

スポーツ界に目を転じて

　スポーツ界では、どのようなプロセスであろうとも、試合結果は、

「数値が絶対」

であって、それ以外の要素で勝負の判定を決めるわけにはいかない。

たえば、プロ野球の試合を挙げてみよう。試合は、

「２チームの得点が２と３であれば、２より３が大きい」

から、得点が３のチームが勝ちである。

　プロ野球以外でも類似している競技がある。サッカーをはじめ、バスケット、ラグビーなどが浮ぶ。その中のサッカーでは、１対０とか２対１、３対０などの僅少《きんしょう》数値が多い。ラグビーになると得点数も大きく、４２対１２、３８対１５などの場合も出てくる。さらにプロのバスケットとなると

103対98等のような場合もある。

いずれの場合でも、

「試合の勝負は数の大小で決まる」

ということは誰も疑わない。

数値は語る

もちろん、この両者の数値には、プロ野球と同様に、規定の時間内でルールに基づいた攻防が内包されているから、両者の数値の差異が経過の内実を反映していることもありうる。

例えば、プロ野球での二チームの攻防で得点が1対0とか10対1などのように、甲乙がつきにくいほどの攻防や大差での攻防等は、数値が内容を語っているともいえる。

このように数値は、確かにそれぞれの試合内容を語ることもできるけれども、それがチーム力を表しているかといえば、1試合や2試合で両者のチーム力を比較する事は出来ないのはいうまでもない。

チーム力を比較するには、連戦の試合内容が反映するような側面の数値をできるだけ多く集めることである。

例えば、プロ野球での「チーム力」といえば、次の側面を挙げるであろう。


【プロ野球のチーム力】
①総得点
②総失点

③安打数（ホームラン、３塁打、２塁打、１塁打の各数の合計）
④守備（失策数）
⑤盗塁数

これらの数値の各々が比較されてチーム力が生まれる。

そして、

「これらの一つひとつの結果がまとまって勝率」

として現れる。

また、

「勝率は集めた数値の一つひとつが反映している」

のだから、

「一つひとつの数値が語る内容を反映している」

とも言える。

数値を集める

一方、「数値を集める」でも比較的容易なのはホームラン王争いであろう。試合毎の本数を積み重ねていけばよいのだから、積み重ねた数値の最大値の選手が選ばれる。盗塁王もホームラン王と同じである。

けれども、首位打者を決めるのには打数とヒット数が絡んできて、両者の「比率」を出さなければならない。比率の高い選手が首位打者に輝く。これと同じ仕方がチーム勝率である。勝数と負数を足した合計で勝数を割る。

このようにホームラン王、盗塁王、首位打者等、優勝チームの勝率を決める数値は、積み重ねの数値を基にして、ルールに従って計算した結果（数値）の最大値で決まる。

この最大値は、見方を変えると、一つの数値でしかない。もちろん、算出された数値のプロセスさえも全く語っていない。

けれども、最大値には、

「積み重ねられてきた時系列の数値」

が背景として並んでいる。

「時系列の数値が最大値を語る」

ということである。

時系列の数値

このように見ると、

「時を待て」

ということわざの意味が出てくる。

言い換えれば、

「時系列の数値・データを集めよ」

「その結果が時局を〈判断〉する根拠になる」

ということに結びつく。

そうした意味として解釈すると、

「時系列データを持つことの大事さが生まれる」

ということにもなる。

さて、自分に立ち返って、自分にかかわるような、

「時系列の数値・データ」

を集めようとすると、どんなことが浮かぶであろうか。
・時間単位の数値・データ
・日々の数値・データ
・月別の数値・データ
・季節ごとの数値・データ
・年単位の数値・データ
など、いろいろな数値・データを集めることが考えられる。

これらはいずれも、

「時系列の数値・データになる」

のだから、

「数値・データとりの行動を起こす」

ことが大事である。

6　そろばんに思う

国産計算機は廉価《れんか》で活躍中

そろばんを使う豆腐屋さん

7、8年前まで、元気で豆腐作りをしていた「親爺《おやじ》さん」が、突然、がんで世を去った。この親爺さんが作る豆腐や油揚げは、全く添加物が入っていないので、人気であった。

買物に行くと、

「豆腐一丁、油揚げ5枚、がんもどき2個」

と言うと、ビニール袋に品物を入れながら、世間話を始める。相手が何に関心を持っているのかを知っていて、それにあわせての世間話だ。

袋に入れ終わると、そろばんをはじく。

「ハイ、消費税もあわせて〇〇円」

と請求する。

足し算だから簡単である。消費税5％（当時）も、暗算が容易で二桁下げて半分にするだけだから、それを加えるだけである。

ある日、店が閉まって、開かない日が続いた。仕事場の戸口に張り紙がしてあり廃業の知らせであった。

「残念」

の一言で胸がいっぱいになった。

この親爺さんで思い出すのは、

「使い古したそろばん」

である。

そろばんに親爺さんの人生が垣間見《かいまみ》られた。

そろばんから卓上計算機（電卓）へ

そろばんは、日本の伝統的な計算機であった。四則電卓が廉価《れんか》に買える時代が到来するまで、商店をはじめ、家庭でも計算機として使われた。

６０数年前の戦後も、そして１９６４年（昭和３９年）のオリンピック東京大会の頃も、まだそろばんが主流であった。

このころ、いま便利に使われている四則電卓（卓上計算機）は、まだ普及していなかったけれども、生産の途上《とじょう》にあった。

東京オリンピック開催年の２年後の１９６６年に生産された四則電卓は、

「２万５千４７９個」

であって、

「一台２１万８千６２円」

であった。

そろばんの数学（和算）

その４年後の１９７０年には、

「生産台数は１４８万２千２８７個」

に急増し、

「金額も半額の９万０８３３円*）」

になった。

それでも筆者には手が出なかった。当時の高校教員の初任給は４万３千３００円であったから、

「電卓を一台買うには２か月分の給料」

が必要であった*）。

その後、１９８５年ごろになると四則電卓は、

「生産過剰」

といってもよいのかもしれないが、電気販売店の店頭に出回り、

「２千円前後」

で購入できるようになる。

いまから２５年前であるが、この頃でもまだ商店ではそろばんを使っているところも多く、時代に取り残されているというわけでもなく、伝統という振る舞いであった。
＊）岡部進著『日常性の数学に目覚めて』（教育研究社１９９１年１３８～１３９頁）にでているデータを引用したが、数値・データの出典は、経済企画庁編『昭和６１年度版経済白書』（５０６頁）である。

　このように、

「そろばんは計算機」

であった。

　けれども、江戸時代から、

「そろばんでは割り算が難しい」

ということで、

「割り算の仕様書が商人や大工の必読書」

であった。

　徳川家康が天下を取って数年後には、

「『割算書』が数学書の代名詞として世に登場している」

というほどであった。

　こうした世間の動きの中で、

「そろばんの割り算を説明すると同時に、そろばんを使って日常生活にかかわる経済や土木の計算をすることが出来る」

ということを目指すような数学書が登場する。

　この先駆けは、

・百川治兵衛著『諸勘分物《しょかんぶもの》』（１６２２年　新潟・佐渡）

・吉田光由著『塵劫記《じんこうき》』（１６２７年　京都）

である。

いずれも、いわゆる「そろばんの数学」であって、筆者が提唱している「生活数学」の江戸時代版である。

そろばん数学の内容

前掲二書の「そろばんの数学」の中身を見ると、次のような内容である。

①そろばんの割り算
②度量衡《こう》（尺貫法）
③換算と数値計算
④商品売買（割引き、比率）
⑤両替商関係
⑥大工関係
⑦土木関係
⑧農業関係
⑨計量幾何

ここで、和算書のトップ頁に①がくるのは、前述したように、割り算がまず習得できるようにするという狙いである。

②は、すべてのものを量化して捉え、量をはかって数値へ置き換えるのに必要不可欠であった。したがって、②の普及は③〜⑨にかかわる諸分野での計量及び物流交換でトラブルをなくすにも有効であった。この点でも、和算書は貢献している。なお、①②は、明治維新以降も重視され、国定

算術教科書では「諸等数」として特別に扱われた。

また、⑨は、

「日常にある品物や土地」

などの

「輪郭」

を抽象したような

「形の周の長さや面積、容積計算」

などである。

これらは、今の表現で言えば、幾何のことを指すが、

「計量幾何」

と呼称されることが多い。これは、維新後の明治５年に学校に輸入された「西洋幾何」と区別するためである。

そろばん数学は問題解法型

このように、①~⑨にかかわる内容の和算では、

「問題を解く事を通して生活現象を数値化し、そろばんで解析する」

という仕方を取っている。

そして、

「解決が困難な素材（問題）は、和算書の最後に問題として掲載し、他者に問題解法を提起する」

というスタイルをとった。

この仕方は、和算研究者を増やす上できわめて有効であった。後に、この方法は、

「遺題継承《いだいけいしょう》」（リレー式問題解法）

といわれてきているが、

「和算の内容を深化させ、広く発展させる原動力になった」

ことは、その後の和算書の充実振りでも裏付けられている。

数学者・関孝和《せきたかかず》の登場

こうして、「数」と「量」と「形」への関心事が質的に高まり深まって、やがて、

「生活数学」から、「抽象数学」

へと発展する。

この抽象化の過程で登場するのが、

「関孝和（１６４２?――１７０８）」

である。

関孝和は、本格的に抽象化を目指して和算を研究した人という意味で、数学者としての業績を残しているが、研究にはそろばんが不可欠で、この面にも長《た》けていたという。

これ以降の日本の伝統数学（和算）は、他国から見ても高度な内容になっていく。

第２章　数値文化に潜む数学の一例

——会社員Ａ氏の行動から

1　朝起きてから会社に出勤するまでの数学

会社勤めのＡ氏の朝

毎朝、目覚まし時計で起こされるＡ氏も、今朝は時計が鳴らないうちに目覚める。習慣になっているせいで、時計をみる。

「まだ6時か」

と思う。

目覚まし時計には、

「6時３０分にセット」

しているから、

「３０分は寝床にいられる」

と思うと、また目をつぶる。

「ジジ、ジジ、………」

大きなサイレンのような音が耳の深みに響く。

「ア、6時半だ」

と、寝床から立ち上がって、手洗いを済まして、洗面所に向かう。

急いでひげを剃る。続いて、

「7、8分の体操」

である。

終わると、朝食になる。

パジャマのままだ。普段着に着替えて、食卓に向かう。

食卓にはすでに朝食が用意されている。

・茶碗に盛られた玄米飯

・木製碗の味噌汁

・新香

・納豆

・焼き魚（鯵《あじ》の開き）

・茹《ゆ》でたホウレン草に少々の削《けず》り節《ぶし》

・海苔《のり》

など盛りたくさんだ。

「ありがたいな、いただきます」

と、両手を合わせて、天と地への恵みに感謝。そして妻への感謝も忘れてはいけない、と。

朝食が終わる。

素早《すばや》く、出勤用に身仕度を整《ととの》えて、玄関へ。

「7時30分、行って来るよ」

と家族に挨拶《あいさつ》してから、

「歩いて駅」

に向かう。

スイカカードで改札を過ぎると、待つこともなく、7時45分発、新宿行きの電車に乗る。

「約30分の乗車時間」

各駅停車なので、新聞が読める程度にやや空《す》いている。

「N新聞の一面記事の見だし」

を読む。続いて、

「為替《かわせ》レート欄」

「文化欄」

である。あれこれと記事を読んでいると新宿駅。

新宿駅で降りて、南口から、

「徒歩で会社」

に向かう。

「だいたい7分位」

かかる。

時計を見ると、

「8時30分」

部下が来るまで、何かと書類に目を通す。

Ａ氏の行動に付着している「朝の数学」

さて、会社に着いて、部下の出勤するのを待っているＡ氏は、朝から数学をしているような自覚がない。

けれども、筆者の目から見ると、「数学をしている」のがよく分かる。

例えば、次のような行動である。

①時刻を気にしている
・目覚めの時刻
・起床時刻
・家を出る時刻
・電車に乗る時刻
・目的の駅に到着する時刻
・会社に出勤した時刻

②時間を念頭に置いている
・家にいる時間
・自宅から駅への徒歩時間
・乗車時間
・下車して会社までの徒歩時間

・出勤時刻までの待ち時間
③量を測っている
・朝食全体の量
・玄米ご飯の量
・味噌汁の量
・総菜の量
④目測の距離
・自宅と駅への徒歩距離（歩幅と歩数が関わる）
・乗車距離（時間で計っている）
・下車駅から会社までの距離（歩幅と歩数が関わる）
⑤運賃計算
・乗車券
・定期券
・回数券
・特急券
⑥輪郭・形に接触している
・洗面時の歯ブラシ
・洗面台
・朝食時の机と椅子

・長椅子（ソファ）
・食器（茶碗、木椀、皿、丼、小鉢、箸、スプーン、フォークなど）
・自宅の建物（襖、柱、家具など）
・電車の車両
・会社での建物
⑦位置を気にしている
・食卓席
・電車の乗車席
・会社フロアの席
この他にもＡ氏の行動に付着している数学はあるのかもしれない。
それでは、Ａ氏の行動から生まれてくる数学のいくつかを具体化してみよう。

2　時刻と時間の区別

柱時計

生活の中で大事なのは、

「時刻」

である。

だから、時計が生活空間の中心になっている。どこの家でも、家族の誰もが集まってくる場所でかつて茶の間と呼ばれ、家の中心になっている処《ところ》の壁や柱に大きな時計をかけている。大きい時計であると、遠いところからもはっきりと時刻が分かる。この時計をとりわけ目立つように、

「柱時計」

と呼んで、家族全体が大事にする。

アナログ時計

柱時計の多くは、長針と短針の動きが刻々と時刻を指し示すような、いわゆる、

「アナログ型」

であって、１分ごとにあるいは１秒ごとに時刻を表示するような、

「デジタル型」ではない。

こうした柱時計は、会社や役所の事務室でもよく見かける。もちろん、腕時計でもアナログ型が一般的である。

この理由は、アナログ時計は、

「時刻を針で説明している」

からである。

時刻表現の難しさ

さて、「時刻」は、時計に付設されて回転している短針や長針が示す先端の「針」が通過する瞬間を円周上の位置で表現している。しかし、すべての位置を数値に表すことは、人間にとって不可能であるから、「針」が通過する諸々の点で時刻を示しているのだ。

この瞬間の通過点を数値に表そうとしても不可能であるから、

・１秒単位
・５秒単位
・１分単位

に区切って、数値表現しようとしている。

長針が時刻を連続的に表現している時計であっても、

「時計に示されている時刻表示は瞬時に通過している時刻を数値に表現しているのではない」

ということであって、「近似値表現」に過ぎない。

けれども、「近似値の精度を高めてほしいという人々の願いを実現しよう」と、「時計メーカーは開発を進め」て、いまでは、「秒計測」から、さらに、「百分の1秒計測」も可能な時計が生まれている。

例えば、世界陸上での百メートル競走での計測で使われている時計は世界最先端時計であろう。けれども、瞬時の時刻を測ることは出来ない。

時間とは

時刻を知ることは、また、スタート（開始）の時刻とゴール（終了）の時刻の二つの時刻と時刻とを結びつける。ここに「時間」が生まれる。

図1は、朝、A氏が目覚めてから会社に着くまでの時程である。これを見ると時刻と時間の意味

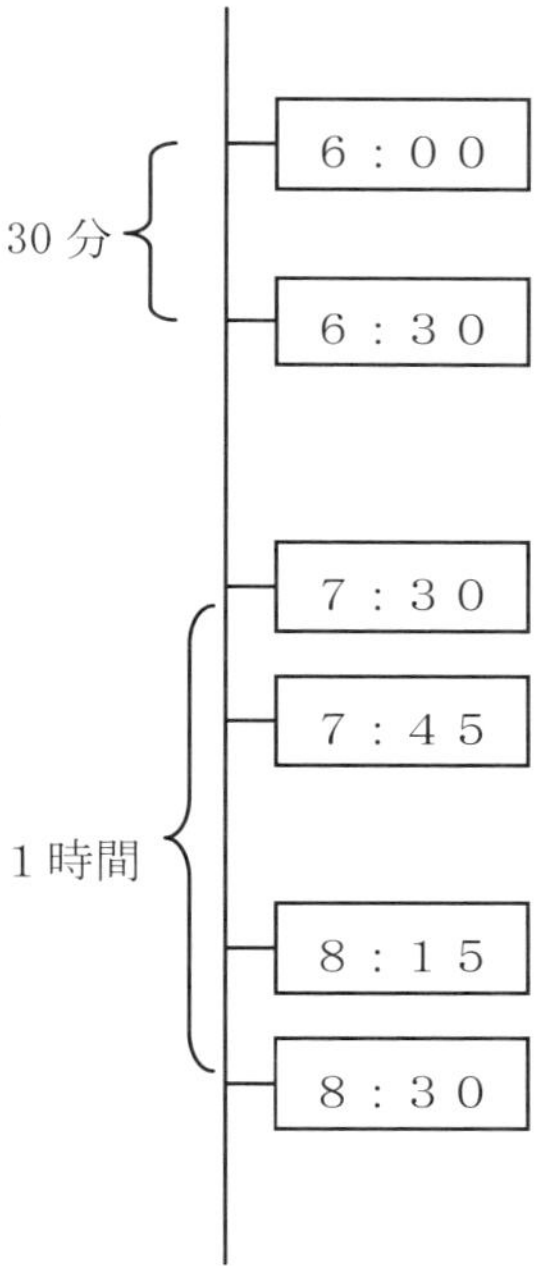

図１　時刻と時間の違い

がひと目でわかるようになっている。

図１で表現しているように、

「時刻は点」

であって、

「時間は二つの時刻と時刻との差（幅）」

である。したがって時間は、

・所要時間３０分

などのように、

「長さ」

で表している。

このことを抽象的に表現すると、時刻ａから時刻ｂまでの所要時間は、ｂ≧ａのとき、ｂ－ａである。このことを図示すると、図２になる。

もちろん、瞬時は時間ゼロであって、点になって時刻に変身することもある。

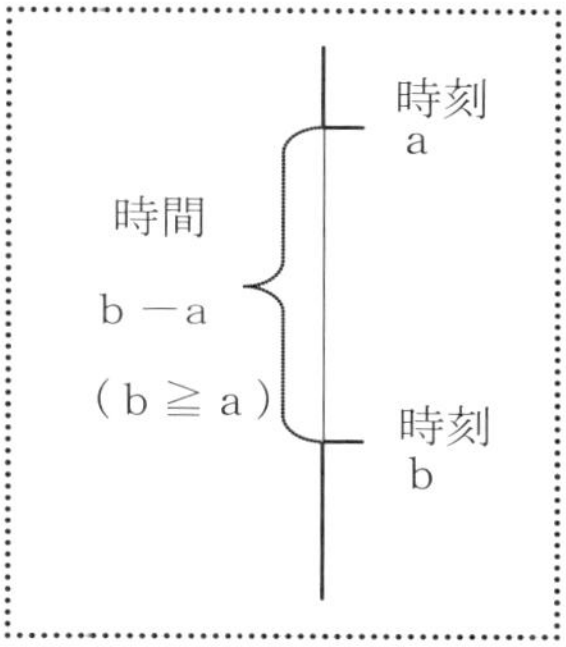

図２

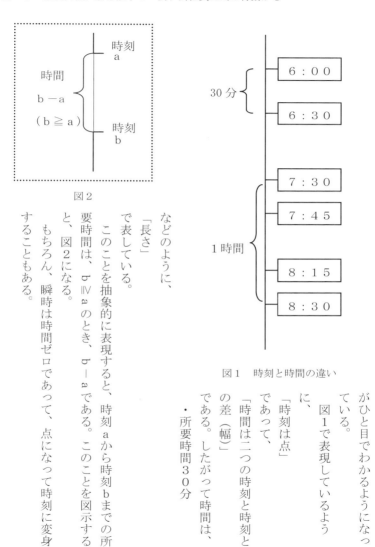

3　アナログ時計の数学原理

スタート時刻を過去にすると

スタート時刻をもとにして経過した時刻を見ると、計測した時点での時刻は経過時間も表す。このことから、時間と時刻は同じだという誤解を生む。

例えば、図2でa＝0としたとき時刻bは時間も表す。このように時刻が時間を同時に表すことが多くの場面で見受けられるので、時刻と時間を同一視することがある。

しかし、時を過去に遡《さかのぼ》って観察することもあるから、時刻と時間は区別をしなければならない。

先に述べたように、

「時刻は瞬時を表すから、時の経過位置であって、点である」

と捉えた。

この捉え方を直線上の点に結び付けると、

「時刻は直線上の点である」

とみなすこともできる。

こうなると、

「直線上の点と一対一に対応する数を《実数》という」

から、アナログ時計の針の動きを見れば、

「時刻は実数で表現する」

ことが可能になる。

つまり、

「直線も時刻も連続量だから、当り前である」

と言ってしまうことが出来る。

けれども、それで「よし」としないで、実際に直線上に時刻を目盛る仕方を考えてみよう。いわゆるアナログ時計の原理を追求しようということである。

正の時刻と負の時刻

さて、直線上にどのようにして時刻を目盛るかである。まず、原点を作らなければならない。

「原点を今」

にすると、

「以前」

と、

「以後」

が考えられる。

これを区別するようにしなければならない。

「〈前の〉と〈後の〉を区別する」

ために、

「符号」

をつければよいことになる。

この符号は、演算記号で代用すると、

「以前がマイナス」

「以後がプラス」

になる。

例えば、1時間を単位の1（量単位を捨象する）とすると、

「1時間前はマイナス1」

「1時間後はプラス1」

になる。

このようにすると、直線上に図3のような点を対応させることになる。すなわち、

「数」

が時刻を表すような目盛として位置づく。

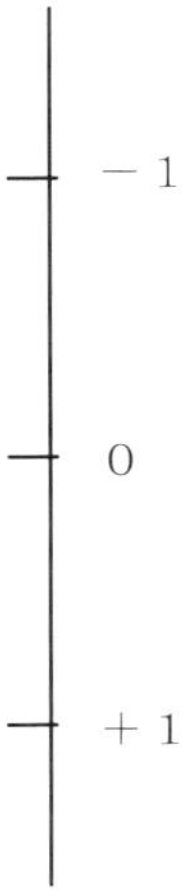

図3　過去、現在、未来の数表現

この「数」は、

「1、2、3、4、・・・という正の整数（自然数）」

に始まり、

「0（ゼロ）」

そして、

線分ＡＢを７等分する方法

点Ａを通る任意の直線を引き、さらに点Ａを軸足に任意の幅を元にコンパスで等間隔に倍々に７個の点を作り、最後の点Ｃと点Ｂを結び、ＡＣ上の各点を通り、直線ＢＣに平行な直線を引き、ＡＢとの交点を求めると各点はＡＢの７等分点になる。

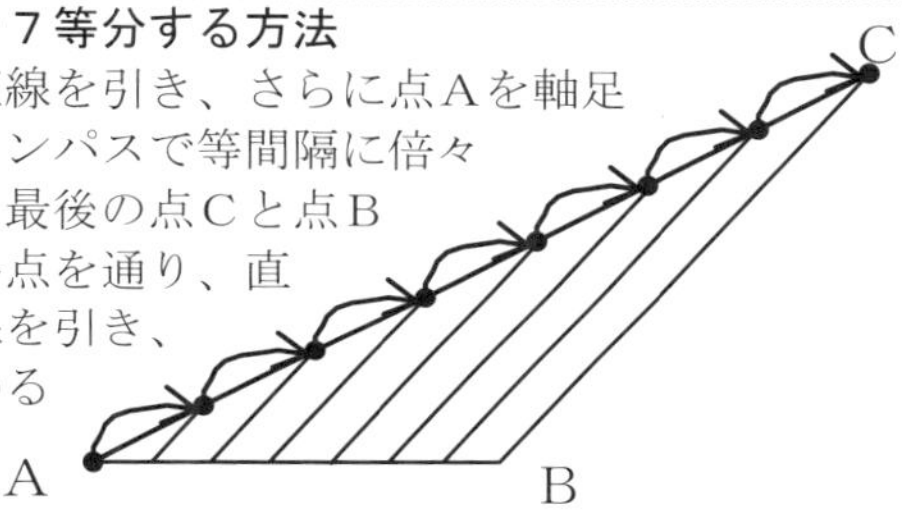

図４

「－１，－２，－３，・・・という負の整数」

に広がり、

「その全体は整数」

としてまとまる。


次にまた、今から5分後、１０分後、３０分後などの時刻もあるから、「時（じ）」という単位で表すと、

- 1/12時
- 1/6時
- 1/2時

など、

「いろいろな分数」

が生まれる。またこれらの分数も小数も、例えば、0.4や－2.3も作図することができれば、直線上の点と対応するから、目盛ることが出来る。

分数の作図

――分数の線分表現

ある長さの線分の1/7を作図してみよう。この作業手順は、図４に示した。

・任意の線分上にコンパスで等倍を作る
・平行線を引く
・与えられた線分を等分にする
などで、分数を作図することが出来る。

この手順を踏めば、

「分数 n/m（ただし、nもmも自然数としておく）は、自然数nがmで割り切れないときでも、与えられた直線上の点に対応させることは可能」

ということになる。

また逆に、図4を使うと、

「直線上の点に対応する分数を見つける」

ことも出来る。

いずれにしても、図4の作業は直線上に分数を目盛ることができるという論拠になるから、図4は、

「基礎作図」

である。

このことから、

「整数と分数を合わせて有理数」

だから、

「直線上に有理数を目盛る」

ことが可能になる。

無理数の時刻

さらに、無理数（√2表現など）の時刻も直線上の点に対応させるように目盛ることが出来る。

しかし、無理数を目盛るという作図は作業として不可能であるが、理論的に捉えると分数で挟《はさ》み撃《う》ちをしながら、究極の点を追求することになる。

ここで「究極」とは、数学で使っている用語の

「極限」

のことを指す。

数の分類から
——有理数と無理数で実数

振り返ってみると、厄介《やっかい》なことばかりであったが、

「時刻も有理数表現と無理数表現がともに作図を通して可能である」

ことがわかった。

しかも、

「有理数と無理数をあわせて実数」

だから、

「時刻は実数で表せる」

いうことが明らかになった。

いままでのことを整理する

ここでいままでの数の説明を整理すると、次の通り。

①自然数（1、2、3、4、・・・）は正の整数とも呼称する。
②正の整数とゼロと負の整数を合わせると整数である
③整数と分数を合わせて有理数である
④有理数は n/m（nは整数、mは正の整数）と表される。このとき、nがmの倍数になっているとき整数を表し、そうでないとき分数になる
⑤有理数以外は無理数である
すなわち、無理数は④で表せない数のことである。
⑥有理数と無理数をあわせて実数である
また、
⑦実数は直線上の点と一対一に対応する
したがって、
⑧実数と直線とは同一視する
一方、
⑨時刻は直線上の点と一対一に対応するから実数である
以上のことから、

⑩時刻は実数である

このように、実数と直線の同一視、そして実数の構成を見てくると、「アナログ時計で時刻を見ることは、針で直線上の点を見ながら、視覚で実数を捉えている」ことと同じである。

これが、「アナログ時計の原理」になっている。

4　道順と位置

道順表現のいろいろ

誰でも経験していることであるが、自宅から会社への道順は相手に聞かれれば即答することが出来る。会社員Ａ氏も道順にそって自宅を出て、徒歩で駅に行き、電車に乗って新宿駅に着き、さらに徒歩で会社に着く。

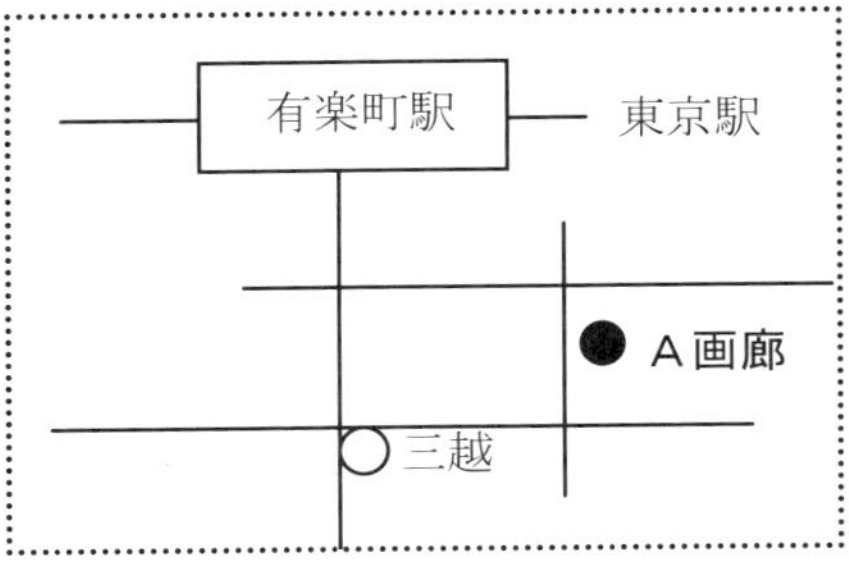

図５　道順略図

道順は、図に表そうとすれば、幾《いく》つかの点と直線を使って略図を書くことができる。図５は、道順を示す事例である。

こうした事例は、絵画展や演劇公演のパンフレットに記載されている道順の略図である。ここには、最寄《もよ》り駅と目的の会場の位置が明確になっている。

このような表現で浮かぶのは、地図である。最近の地図は、人工衛星から送られてくる写真データを根拠にしているように、写真そのものである。写真と異なるのは、写真を元に公共施設や道路などを浮き彫りにして描かれているところだ。

それでは図５で描かれているような道順から位置だけを抜き出すとなるとどのようにすればよいのだろうか。難しい。

位置の表現のいろいろ

いろいろなところに出掛けると位置の表現に出会う。例えば、演劇を見に行こうとすればチケットを買わなければならない。自由席であれば座席の位置はチケットに明示されないが、指定席になると座席が表示される。

①劇場座席表現

最近（２０１１年4月２７日）、新国立小劇場で「ゴドーを待ちながら」を観劇した。当日券が売り切れたのでキャンセル待ちで2時間、チケットを買うことが出来た。チケットを見ると、

「Ｌ４—２６」

とあった。

劇場座席は、１個のアルファベット文字と2個の番号で表現されている。

②特急電車の指定座席の記号化

位置の表現は、他にも見受けられる。電車の指定席である。Ａ氏は、自宅の最寄り駅から新宿までいつも小田急線の急行電車に乗る。時には特急ロマンスカーに乗ることもある。ロマンスカーは全席が指定席であるから、特急券を券売機で買うと、車両番号と1個のアルファベット（Ａ、Ｂ、Ｃ、Ｄ）と1個の番号が、

「5号車Ａ３」

のように記入されている。

この座席表現を見ると、

「電車の座席位置は、一個のアルファベットと一個の数値で表現されている」

ということがわかる。

「位置は、言葉で説明するよりも、記号化すると正確に相手に伝えられる」

ということである。

「なるほど、記号化、これが数学だな」

と、A氏は思う。

③住所位置

住所位置も記号化されている部分がある。例えば、都内の２３区に住んでいる人は、

「△△区〇〇丁目〇番地〇号」

のように、

「終わりの3個の番号」

で絞込みをして位置を決めている。

④郵便番号表現

郵便番号も住所表示と同じ類であるが、

「3桁の数値と4桁の数値の順序付きの組」

で大まかに地域が限定され、人の手で目指す住所を探す。

⑤固定電話番号表現

また、室内に備え付けの固定電話は、東京都区内の場合、

「2桁の一つの数値と二つの4桁の数値との三つの順序付きの数値」

で表して、位置を特定している。

このように位置表現は
「幾つかの文字といくつかの数字を基に順序付きの組」
にして記号化されている。

二組の方位を使う位置表現

次に、地図上で自宅の位置を見ると、

「北極を表すＮ文字を先端に印《しる》した矢印」

に目が行く。

「東西南北を基にして自宅の位置が見やすくなる」

という配慮である。

例えば、

「東京とフィリッピンの大都市マニラとの位置を確認しよう」

とすれば、

「図面上の２点を東西と南北にわけてとらえる」

ことが出来る。また、

「図面を上下と左右に動かして見る」

ことも出来る。

このことは、

「位置を〈方位〉でみる」

ことに他ならない。

丁度、地図の上にトレーシングペーパーの方眼紙を重ねて、その上から地図上の位置を見ること
でもある。

言い換えれば図面上に、

「水平線（横線）と鉛直線（縦線《たて》）で格子《こうし》を作る」

と、

「格子がびっしりと隙間《すきま》なく並んでいる」

ことになって、

「両者が交差している位置を平面の点」

として位置づけられる。

この捉《とら》え方は、

「軸となる横線と縦線を使うだけで位置を表す」

ことが出来ることでもある。

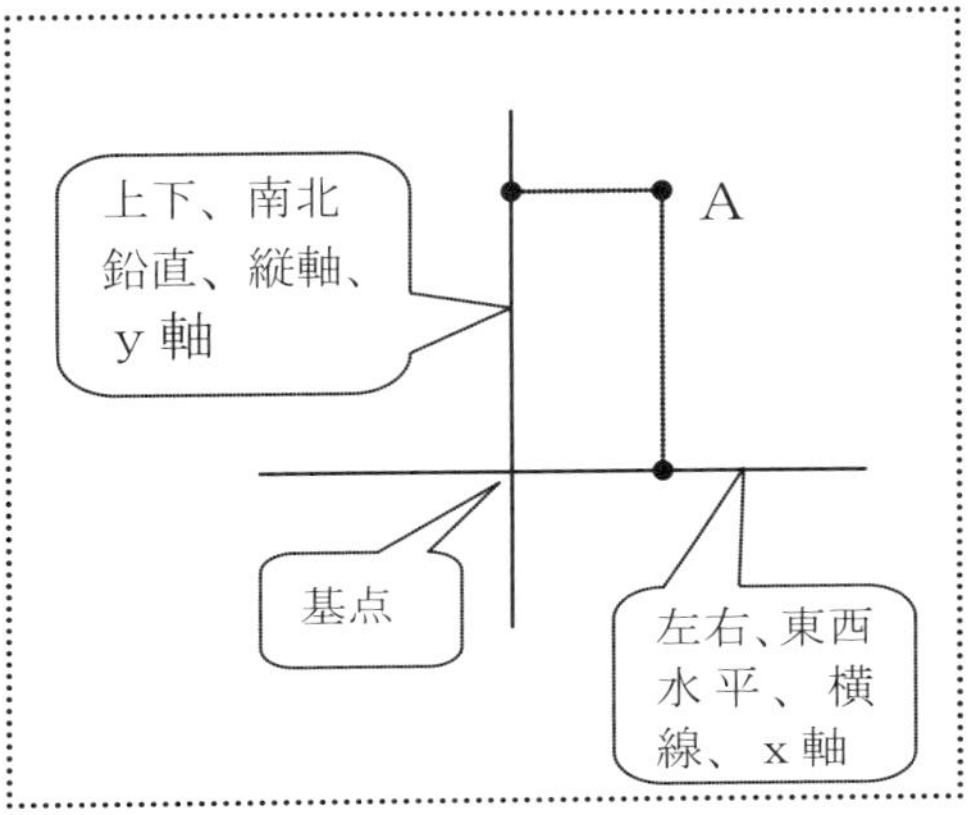

図6

これが図6で、
・横軸はｘ軸
・縦軸はｙ軸
と言う。

また、ｘ軸とｙ軸が直交する点は基点になるから、
・原点

と言う。

このとき、図６のような平面を「ｘ－ｙ座標平面」とか、単に「座標平面」という。

直交する二本の数直線

さきに直線上の点と実数を一対一に対応させたが、こうした直線を
「数直線」

と言う。そして、

「点Ａに数ａが対応している」

ようなとき、

「数ａを点Ａの座標」

と呼ぶ。

記号で、
A(a)

と書く。

この手法を生かして、同じように、

「ｘ－ｙ座標平面上に点Ａを取り、Ａから横軸（ｘ軸）、縦軸（ｙ軸）にそれぞれ垂線を下ろし、それぞれの交点の座標をそれぞれａ、ｂとする」

とき、

「二つの数の順序の付いた組（a, b）」

を
「点Ａの座標」

という。

このように、

「平面上の位置は二つの数の順序対《つい》」

で表現することができる。

つまり、平面上の点は、二つの実数の順序対に変身したことになる。

デカルト座標

「座標」という発想は、

「フランスの哲学者、ルネ・デカルト（René Descartes 1596 ～ 1650）」

によって開発された。

１７世紀の中頃であって、今から３６０余年も前のことである。デカルトは、

『方法序説』

のなかの、

「試論幾何学」（１６３７年）

において、

「図形上の点の位置を縦方向の長さと横方向の長さで表そう」

とした。

この様子が本文においてもまた図表現としても記録されているから、ここに、

「座標概念の芽生え」

を確認することが出来る。

そして大事なことは、

「デカルトが図形の式化を展開した」

ということである。

従来からの、

「ユークリッドが著した『原論』の幾何学の手法に対して新たなアプローチを示した」

という方法論的にも意義がある。

このように、デカルトは、

「幾何学の代数学化」

を生み出した*)。

*）岡部進著『生活幾何へのステップ――形からの出発』ヨーコインターナショナル　２００８年
１５７~１６３頁
こうしたことから、「座標」は、

「デカルト座標」

と呼ばれることがある。

5　朝、データとの出合い

Ａ氏の朝の行動を観察しているうちに、横道にそれてしまった。ふたたび、Ａ氏の朝の行動に戻って、電車に乗って出勤する途中のＡ氏を思い起こそう。

Ａ氏は、出勤途中の電車の中でよく新聞を読む。と言っても混雑していないときである。会社に出勤すれば休憩時間に新聞を読むことが出来る。けれども情報は速《はや》い方がいい。日刊新聞は、日々の出来事を知る情報源であって、会社にかかわる記事に出合えば、即時に会議を開かなければならない。今朝もいつもの通り、ややすいている電車の中で日刊新聞を手にしながら、いろいろな情報が頭の中で交差する。

数値への不思議な気持

さて、Ａ氏が手にした日刊新聞は２０１１年（平成２３年）４月２１日である。この日は、１０００年に1度の大地震が東北地方を襲《おそ》って４１日目にあたる。Ａ氏は気持を新たに日付に目を向ける。

「０（ゼロ）、　１、２、３、４、２０１１、２３、４、２１」

が特別な気持ちで目に入る。

確かにここに登場しているのは、どれも順番を示す番号であって、いずれも年や月、日という基準量で測《はか》った結果を示している。

したがって、これらは勝手に現れたのではなく、基準量を示す言葉（年、月）や記号を伴って、その必然としてあらわれている。

この点は譲《ゆず》れないにせよ、これらには、何か見えない自然の力が支配しているように思える。

こんな気持になるのは、なぜか、Ａ氏も分からない。

数字と数値

一体、「４月２１日」の４は、何を意味するのか。４は数字なのか数（数値）なのか、こんなところにＡ氏は思いをめぐらす。

「４は数字であって数値でもある」

「そうなの？」

「こんなこと当たりまえさ」

「けれども２１は数字ではない！」

「２１は数値ってこと？」

「そうだよ」

「２１の２は数字、１も数字、でも２１は数値ってこと？」

「その通りさ」

ふたりのＡ氏がやり取りをしている。

あれこれの数字と数値の違いに思いをめぐらしているうちに、

「4は数字でもあるし、数値でもある」

の説明ができるようになって、A氏はほっとする。

順序数

4月の4は、1月、2月、3月というようにスタートを示す「数」を伴っている。すなわち、

「1、2、3と順序を伴《ともな》って、次の4番目の4が生まれている」

ことがわかる。

だから、4は順序を表現しなければならないから、

「順序表現としての4」

であって、

「4は意味を付加された記号」

である。

一方、数字は数や順序などの意味を持たない記号であって、

「数字は、0、1、2、…、8、9の10個」

しかない。この10個の数字を借りて、意味のある数値を表現している。

こうした中で、たまたま4は、数字に含まれているから、数値なのか数字なのかわかりにくい。

しかし、4が4番目という順番を表しているから、数字ではなく「数」を表している。

このように見てくると21日の21は、数字でなく、4月の最初の日から21番目の日を表しているという意味で、順序を表すから数値である。

ところが数字と数値をめぐって奇妙なことが最近も繰り返し起きている。というのは、２０１１を数字と云っている人や記事に出合うからだ。

この出合いも頻繁《ひんぱん》であるから可笑《おか》しい。

数字と数値との区別が付かないで混乱している人たちがいても、マスコミではこの人たちが話題にも上《のぼ》らない。

多分、２０１１を数字と思っている人達は、

「数値は数字で表現されているから数字でもいい」

と、数字を強調しようとしているのかもしれない。とはいっても、数値は数字で表現されているのだから、

「数字表現」

と言えばいいのであろう。

いずれにしても、２０１１を単に数字と言うのは誤解を生む。

こんなことを考えていたら、Ａ氏は下車駅に来てしまった。

数値への出合い
――福島第一原発事故に伴う各地の放射線量データ

今日もＡ氏は、一面に登場している、東日本大地震（２０１１年3月１１日）後の死者の人数や不明者の人数に目が行く。

その一方で、福島第一原子力発電所（以下、福島原発と略す）から放出される放射線の線量の数

最大放射線量　群馬、平常値に

各地ほぼ横ばい

東北、関東各都県で19日午後5時から20日午後5時に観測された最大放射線量は、18～19日に比べてほぼ横ばいだった。

文部科学省によると、群馬は毎時0・053マイクロシーベルトから同0・042マイクロシーベルトに低下し、再び震災前の平常値の範囲に下がった。福島第1原発の北西約30キロの福島県浪江町で20日午後4時25分に同21・3マイクロシーベルトを観測した。

各地の最大放射線量
単位はマイクロ（千分の1ミリ）シーベルト毎時

観測地点	19日午後5時～20日午後5時	平常時
札幌市	0.029	0.020～0.105
仙台市	0.075	0.017～0.051
秋田市	0.041	0.022～0.086
山形市	0.053	0.025～0.082
福島市	1.9	0.037～0.046
水戸市	0.135	0.036～0.056
宇都宮市	0.072	0.030～0.067
前橋市	0.042	0.017～0.049
さいたま市	0.074	0.031～0.060
千葉県市原市	0.056	0.022～0.044
東京都新宿区	0.082	0.028～0.079
神奈川県茅ケ崎市	0.056	0.035～0.069
名古屋市	0.044	0.035～0.074
大阪市	0.045	0.042～0.061
福岡県太宰府市	0.037	0.034～0.079

（注）文科省の資料をもとに作成

図7　出典　日本経済新聞　2011年4月21日朝刊

値にも関心を持つ。

図7のように北海道から福岡県までの主な都市の放射線線量数値が出ている一覧が目にとまる。そして自分の住んでいる神奈川県の線量数値を見る。

「神奈川県茅ヶ崎市はちょっと自宅から離れているけれども、まあいいか」

と、数値の

「0.056」

をみて、

「0.056マイクロシーベルトだと、どうなるのかね？」

と、ちょっと不安になる。このまま1年の積量は、どのくらいになるのかと、携帯電話を使って数計算キー操作をする。

0.056 × 24 × 365 ＝ 490.56

「490.56マイクロシーベルトならいいのかな」

と、A氏はほっと一息。

「自分だけよければいいのかな」

「それではいけない」

「他県はどうなのかな？」

「福島県は？」

Ａ氏の気持ちは複雑。図７を見ると、福島市は他と比べて線量が一桁も二桁も違って、

「1.9 マイクロシーベルト」

である。

「茅ヶ崎市に比べて約３４倍」（1.9 ÷ 0.056 = 33.928…）

である。しかも、

「平常時の 0.037 〜 0.046 に比べて約 41.3 〜 51.4 倍」（1.9 ÷ 0.03 ≒ 51.4　1.9 ÷ 0.046 ≒ 41.3）

である。

年間に直すと、

1.9 × 24 × 365 = 16644（マイクロシーベルト）

となって、

16.644 ミリシーベルト

になる。したがって、

「１ミリシーベルトの１６倍である」

から、直ぐにでも避難した方がいい数値だ。

「避難する人もいるけれども、とどまっている人もいるらしい」

A氏の気持はさらに複雑。

続いて、

「線量の多いのは?」

と、図7を見ると、

「水戸市で、0.135」

とある。

再び、1年分の積量を携帯電話の数計算キーで計算すると、
0.135 × 24 × 365 = 1182.6(マイクロシーベルト)
となる。

「約1183マイクロシーベルト」

とは、

「1ミリシーベルトを超えている」

けれど、

「大丈夫かな。平常時が0.035~0.056であるから、2.4~3.9倍」(0.135 ÷ 0.035 = 3.857…、0.135 ÷ 0.056 = 2.410…)

である。

「それでは」と、A氏は心配になって、

「勤務先の新宿区はどうなのかな?」

と、図7を見ると

「二つの市に続いて線量が多いのは東京都新宿区である」

ことにびっくり。

「0.082マイクロシーベルト」

「平常時の最高値を0.003マイクロシーベルトだけ上回っているようだけれど」

と、ここでも携帯電話の数計算キーを使って、１年分の積量を計算する。

0.082×24×365＝718.32（マイクロシーベルト）

「約７１８マイクロシーベルト。年間１０００マイクロシーベルトにならないから大丈夫かな」

と、Ａ氏はやや安心。

そのほかの県や市に目を向けて、仙台市は、

「0.075マイクロシーベルト」

「平常時の最高値を0.024だけ上回っている」

と、ちょっと気になる数値である。

さらに、さいたま市、千葉・市原市などの目を向ける。

「いずれもも平常時をはみ出しているけれども、0.02を上回っていない」

ようだ。

いずれにしても、新宿区よりも小さいから大丈夫」

らしい。

とはいえ、いずれにしても、福島第一原発の放射線量が多少なりとも積もっていると見なければならないことははっきりしている。

「今後も新聞記事のデータをみていかなければいけないぞ」

と、Ａ氏はデータに一層関心を持つことに心がけようとひそかに決意する。

データを通して継続的観察
――新聞の読み方にかかわって

改めて、１年間に放射線量がどれだけ積もるのかに注目してみると、

「一個のデータで推測するのは危険である」

けれども、

「試算することも大事」

であって、試算してみると、先のように神奈川県茅ヶ崎市や東京都新宿区、福島市の場合などを見てくると、

「文科省が定めている年間一千マイクロシーベルトという人体への影響限度量」

との対比から、

「どのように行動したらよいのかという行動指針」

が見えてくる。

けれども、あくまでも、

「仮説」

に過ぎない。この仮設を

「仮設としないためには、日々、データを観察する」

しかない。

こうしたことから、

「日刊新聞に掲載されている時系列になるようなデータは、一定期間にわたって継続的に読み、切り抜いてまとめて保存する」

ことが必要であって、

「まとめることでデータに内在する特徴（法則性）がはっきりと見えてくる」

といってもよいであろう。

このように、新聞に登場するデータの一つであっても、これを追跡するとそのデータの背景やそのデータが語る内容まで知ろうとする欲求が生まれる。

この欲求こそ生活数学をしようとするエネルギーに他ならない。そしてこのエネルギーは生活を賢く豊かにする営みにつながってくる。

もちろん、Ａ氏が会社の休憩時間に新聞を読み、会社にかかわる記事に出会うか否かを確かめているという新聞の読み方もある。

この読み方は、一点に集中して新聞を読むということであって、この読み方も継続することが必要であることは言うまでもない。

6　歩くことから数学も生まれる

人の歩幅

人は、毎日のように両足を上《あ》げ下《さ》げしながら前に進む。こうして同じ動作を繰《く》り返しているのだが、歩き方を観察すると、多少の長短があるにせよ、人それぞれに「歩幅」は限りなく安定しているように思える。つまり、

「人の歩幅は、固有である」

という事実が浮《う》き彫《ぼ》りされる。

当然のように、Ａ氏の歩幅も固定しているといっても間違いない。自宅から徒歩で駅に向うことや駅から徒歩で会社に向うときの様子を見ると、歩数が１０や２０と言うわけではなく、日々、何百何千回と足を運ぶのだから、

「歩数が歩幅を安定させる要因につながっている」

ことは確か。

このように安定した固有の歩幅に歩数がかかわってくると、

「歩いた距離も安定している」

ということになる。

だから、歩く距離が安定していることが分かるから、会社に遅刻をしないような時間の設定が出

来る。

歩幅、歩数、歩いた距離の三者の関係

このように人が歩いている様子は、一般に、歩幅aメートル、歩数をx歩、距離yメートルとすると、それぞれの数値の間には、次の式（１）の関係が安定的に生まれていることになる。

$$y = a \times x \quad \cdots\cdots\cdots (1)$$

ここでＡ氏の歩幅は、５３センチメートルであるとすれば、（１）は次のような式（２）で表される。

$$y = 0.53 \times x \quad \cdots\cdots\cdots (2)$$

式（２）で、歩数が1、2、3、…と増えていくと、それに伴って距離も増えていく。この様子を図に表現すると、図８のような対応図が生まれる。

また人が歩くと言うことは、

「自らの立っている位置を移動させることに他ならない」

から、

「人の位置の移動は、飛び飛びでなく、連続」

している。

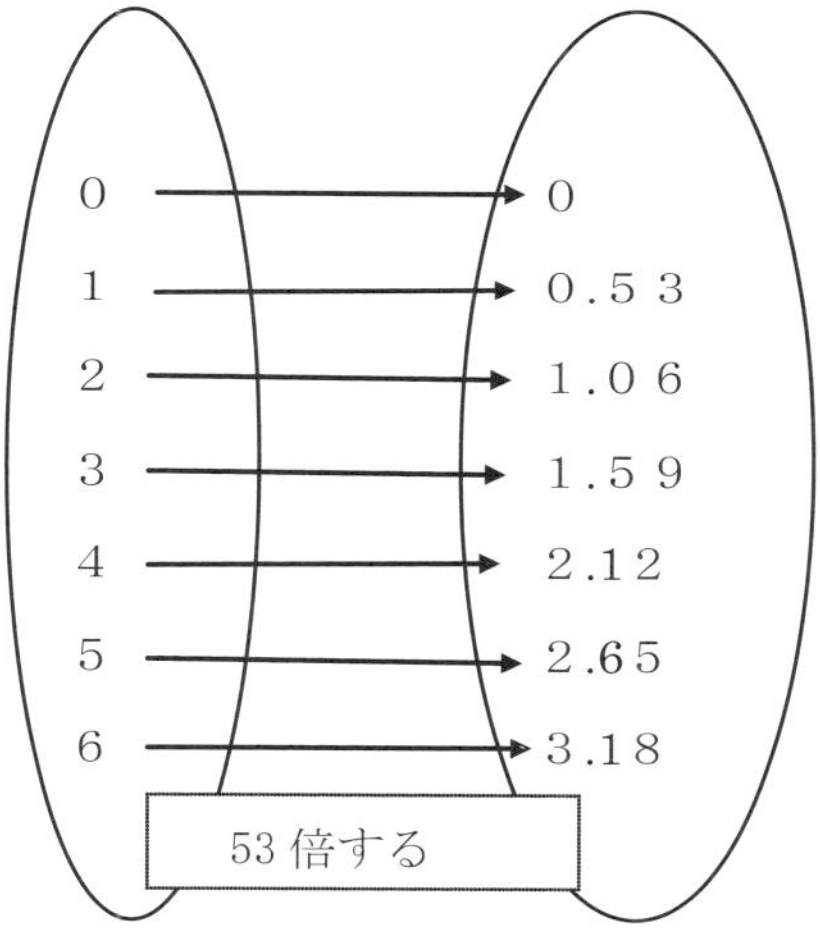

図８　対応図

表１　対応図から数表へ。連続量を実数表現に変えるとともに整数値の間は点線を使って表現する。

歩数・位置ｘ	0	…	1	…	2	…	3	…
距離ｙ	0	…	0.53	…	0.106	…	0.159	…

こうした視点に立つと歩幅の５３センチメートルの飛び飛びの図８の動きは、人を移動させるときの区切りの一つひとつに過ぎない。

当然、式（１）（２）のｘはゼロ以上の実数を表すということになる。ｘの値につられて距離を表すｙもゼロ以上の実数になる。そこで、図８の対応図は、表１のようになる。

このとき、

・ｘを独立変数

・ｙを従属変数

と言う。

この用語は、いまの学校数学には含まれていないらしいが、変数にも区別が必要であるから、使うことを勧《すす》めたい。

関数《かんすう》とは

さて、表１を見よう。

上段の数値１、２、３、・・・は、式（２）で、ｘ（歩数）が１、２、３、・・・をとることを表す。そしてこのｘ（歩数）に対応して、ｙ（Ａ氏が歩いた距離）は下段の数値を取ることを示している。

また、点線は上段も下段も、歩数と歩数との間の人の移動している位置を表わす数値と、それに対応する距離を表す数値である。

　変数ｘと変数ｙとの間に成り立つような決まり（法則）は、
図８の矢印で示しているように、

「0.53倍する」

ことを表現している。

　このことから、式（２）は、

「0.53倍するというきまり」

を式表現している。

　このように、

「二変数の間のきまり」

を数学用語で、

「関数」

という。

　式（１）（２）は
「比例関数、あるいは一次関数」

という。

　このように、Ａ氏は歩くことでみずからの行動のうちに一次関数を生み出している。このことは
Ａ氏に限らない。

「歩いている人は、日々、一次関数を生み出している」

ともいえる。

また、見方を変えると、

「人は一次関数を身に着けている」

ということにもなる。

もちろん、歩くことだけが関数を生み出しているのかといえばそうではない。人が行動を起こすと、必ず関数を生み出すのだから、いたるところで、いろいろな関数を生み出している。

例えば、水道の蛇口をひねって冷水あるいは温水で顔を洗うときも、

「時刻と水の溜《た》まる水位との対応には規則性が生まれる」

から、

「関数は存在している」

という言い方もある。

また電車に乗っている時も、

「時刻と人の位置には対応が生まれ、対応に規則性がある」

から、

「関数が存在する」

ともいえる。

もちろん、この場合の対応の規則性は運転手にでも聞かない限り分からない。

Ａ氏の買物

関数の存在といえば、一人ひとりが日々の行動として行っている買物や飲食にもいえることであ

る。Ａ氏も、帰宅途中で時々買物や飲食をする。

新宿駅周辺には、レストランを始め、夕食の食材を並べているデパートや小売店が何箇所もある。ここには魚、肉、野菜、果物、飲料、パン、みやげもの、惣菜など多彩である。Ａ氏は、肉のコーナーで好物の串焼き鳥を買っていく。

この買物風景にも関数が存在している。どんな関数が生まれるのであろうか。串焼鳥の単価が分かれば、串焼鳥の串の本数と値段との間の法則性は一次関数式に表現することが出来る。

たとえば、

「串焼き鳥の単価が１２０円である」

写真１　東京・新宿駅周辺のレストランや焼き鳥店

とする。

ｘ本に対応する価格をｙ円とすると、

$x \to 120x$ （ここでのｘは、本数を表しているから自然数である）

となるから、

$y = 120x$ （ｘは自然数）

となって、比例関数として表される。

次にＡ氏は、肉のコーナーですき焼き用の牛肉を買うとする。肉の単価は１００グラム単位で表現されるから、

「１００グラム４８５円」

となっているとすると、

牛肉ｘグラムに対応する価格をｙ円とすると、

$x \to 4.85x$ （グラム単位に換算、ｘは非負の実数）

となるから。

$y = 4.85x$ （ｘは非負の実数）

となる。

このように買物風景を観察すると、ここには比例関数が次々と生まれていることがわかる。

第３章　問われている「系統性重視」の学校数学

本章は、平成２３年１月に日刊新聞発行数社に投稿した原稿を生かし、補充してまとめたものである。したがって重複する箇所があることをお断りしたい。

1　現代版「日用算」のすすめ

※日刊新聞投稿原稿（平成２３年１月）の改題と大幅な補充

計算不要な時代を迎えて

最近、販売店でもレストランでも会計処理（レジ）が機械化されたので、店員の手を煩《わずら》わすこともなくなった。

「精算の際の消費税分やこれを含めた合計も、そしてつり銭も、計算するのは機械」

であるから、

「店員としては便利で楽」

であって、

「機械だから正確で誤魔化《ごまか》しがない」

と、買物客も機械計算に、

「絶対的な信頼」

を寄せている。

それだけでなく、

「計算の明細も自動的に印字されたレシート」

になって渡されるから、人々は、

「渡されたレシートを見ることで入力や計算の正誤を自分の目で確かめる」ことが出来るようになった。

「買物に行っても、計算をしないで計算の明細書がもらえるのがいい」と、一石二鳥というわけである。

この会計処理システムは、かつて店員がそろばんや電卓で会計処理をしていた頃と比較すると、飛躍的な進化であるから、誰もがありがたく思っている。

けれども、レシートをめぐって、手放しで喜んでいられない現象も起こっている。

第一は、レシートが領収書であるという誤解を生んでいることである。本来、領収書には支払い者の氏名がなければならないのだから、レシートは計算明細書にすぎない。

第二は、レシートを受け取らないとか、大事に保管されていないなど、レシートは安易に扱われている。

第三に、レシートの扱い方からも派生することであるが、数値や計算過程が見捨てられるような慣習を生み出していることである。

とりわけ第三の現象は、レシートに限ったことではなく、「カード社会」と呼称されているように、カード使用の行動にも表れている。

キャッシュカードの氾濫

キャッシュカードを使って買物をする場面を考えてみよう。この買物では、「現金を持ち合わせていなくても、計算に疎《うと》くても、容易に買物が出来る」

という便利さがある。この点で、レシートと同じように、

「計算は他力本願《たりきほんがん》」

という行動形態を生む。

けれども、レシートと異なるのは署名・サインをするから、領収書が手元に残ることだ。しかも後日にカード会社から、領収書が郵送されてくることだ。この点は、カード買物の優《すぐ》れている一側面である。

しかし、カード買物の行動形態は、交通機関を利用するだけのカード使用の場合と異なって、自分の購買欲求のままに無制限に買物が出来るということだ。最悪なのは、

「破産」

という事態を生むこともありうる。ここにカード買物の落とし穴がある。

もう一つのカード利用

一方、前章でも述べたように、首都東京を中心として交通機関で利用されているカード（スイカカード）は、複雑な交通機関を使う人々にとっては便利さの極《きわ》みである。

スイカカードを使うと、
・運賃表を見なくてもよい
・券売機に向かわなくてもいい
・小銭を用意しなくてもよい
・乗り換えるにも、切符を買い換えなくてもよい

・運賃計算をしなくても済む
など、メリットがある。
しかし、このメリットの裏返しで、
・切符を買わない
・運賃表を見ることがない
・乗り換えの運賃にしても意識しない
・利用する運賃がいくらであったかに無頓着になる
・運賃計算をその都度するという慣習が失われる
・運賃計算は機械任《まか》せ
ということになって、
・運賃に主体性を持てない
ということになる。
いずれにしても、いま、日々の生活でこまごまとした数値計算から人々は開放されつつあるが、それがまた数値に鈍《にぶ》くなって、数値計算を疎《うと》ましくしていく行動形態を生み出している。

「日用算」からの乖離《かいり》

こうした諸形態や諸現象は、一つ括《くく》りにして言えば、明治時代の小学校算術で強調された「日用算*)」からの乖離であるといってもよい。

*）明治時代に小学校算術の狙《ねら》いの一つとして打ち出された「日用計算」及び「生業上有益なる知識」（時

の指導者藤澤利喜太郎著述『算術條目及教授法』（明治28年）からの引用）の略である。

当時の「日用算」とは、

「生活に不可欠な数計算や量計算、比率、度量衡換算などを指している」

から、いまの言葉で言い換えると、

「図形内容を除いた小学校の算数内容*）」

といってもよいであろう。

*）岡部進著『「洋算」摂取の時代を見つめる』ヨーコインターナショナル　2008年　128～129頁
こうした「日用算」から、いま人々は乖離しつつある。この乖離現象の根底になるのは、先にも触《ふ》れたように、

「レシートの氾濫《はんらん》やカード生活が生み出している」

のであって、

「数値や数値計算からの乖離」

の行動形態である。

この行動形態は、突《つ》き詰《つ》めていくと、

「算数・数学離れ」

という現象にもつながりつつあるといってもよい。

こうした「算数・数学離れ」現象は、とかく学校教育にその要因を求めがちであるけれども、情報化時代の仕組みが生み出した現象として把握《はあく》することがいま大事になってきている。

現代版「日用算」の中身その１

こうしたことを踏まえて、現代版「日用算」の中身は、次のように考えたい。

第一に、小・中・高校の算数・数学の内容は、

、

「生活に生かすという目で再編成する」

ことである。ここで使っている再編とは、

「１９７０年代から現在も続いている学習指導要領での算数・数学科における〈系統性〉の流れに数多くの堰《せき》を作る」

ことであって、その堰で流れを止めて、そこに、

「算数・数学を使うという視点を取り入れる」

という内容にすることである。

この内容の一例として、例えば各種料金表（ガス・水道・電気・運賃・郵便・税など）をあげるとして、このうちの「ガス料金の仕組」を素材に取り上げると、次のような内容がセットになる。

①使用量は連続量であるから、

「使用量表現としての実数」

が必要になる。

②使用量やそれに伴う料金はいろいろに変化するから、

「連続する変量だから、〈実数としての変数〉」

が必要になって、

「実数を表わす文字」

の表現が必要になる。
③使用量を表わす数値を変数 x とすると、
「使用量区分の表現は、変数 x の不等式」

になる。
④変数 x に伴う料金を表わす数値を変数 y とすると、
「料金表の区分の仕組みに伴う料金設定のルールは、二変数間の対応ルール」

となって、

「変域を伴った一次関数*)」

になる。

*) 岡部進著『日常素材で数学する』ヨーコインターナショナル　2008年　90頁
⑤一次関数の動きを図表現して捉えるには、平面を方眼紙に見立てて、
「x と y の順序の付いた組を方眼紙上の点として表す」

ために、

「座標平面いわゆるデカルト座標」

が必要になる。

このようにガス料金表を学習する内容は、①~⑤がセットになってはじめて意味を持ってくる。

当然、それぞれを切り離して細切《こまぎ》れに分けて学習するわけにはいかない。

ところが①は、いま高校数学の内容になっているから、こうしたセットから切り離されている。この位置づけには根拠がないわけでない。

というのも、

「数学の系統性を重視する」

ことにこだわっているということだ。

したがって、

「中学校数学の三年次に〈三平方の定理〉を学習して〈無理数〉の存在を明らかにして」

から、

「数概念のまとめとして〈実数〉を高校数学で学習する」

ことになって、①が扱われる。

けれども、《視点を変える》と、

・連続量表象の数として〈実数〉を扱っていく

ということだ。いわば平易にいえば、

・連続量イコール実数

という認識を先行させるという視点である。

この視点は、

・数学を日常に生かすという視点

を踏まえているとも受け止められる。

いずれにしても、「実数」が中学校に出てこないとなると、①の意味を教えないことになって、

①に伴って必要な「変数」の内容の②も、曖昧《あいまい》なまま、中学校数学(1年次)に位置づくことになる。

なお、③の「xの不等式」は、これまで高校数学の内容であったが、平成24年実施の中学校学習指導要領で復活した。当然の扱い方である。

このように学習指導要領に示されている内容は、

「数学の系統性を重視する」

ことのあまり、

「生活に生かすという視点が弱く」

なって、

「学んでいる内容が日常生活と切り離されがち」

になっている。したがって、

「使うという視点でまとまりを重視して組み替え」

「①~⑤を一括して扱うようにする」

と内容が生きてくる。そうなれば、

「数学は生活上の不可欠な知識」

となるに違いない。

この点をふまえると、

「義務教育としての数学から高校数学の内容までは、現代版〈日用算〉の一部分を占める」

ことになる。

現代版「日用算」の中身その２

第二は、時系列データ（年次別・月別・日別の数値一覧）を学校数学の素材に位置づけることである。

平成２５年から実施の高等学校学習指導要領の改定では、

「データの処理」

として、

「平均」

「標準偏差」

などの、

「統計的手法」

が高校数学に組み込まれた。けれども、

「これだけではデータ処理としては不十分」

である。というのも、

「データの処理には予測が伴わなければならない」

からだ。

このためには、次の手順が必要である。

・データを数学としての図に表現する

・データ図の点列から連続的な折れ線へ

・折れ線を関数のグラフで近似する

・近似する関数をもとに予測をする
その際に、

「折れ線を関数のグラフで近似する」

という場合には、
・一次関数を使う（中学校数学）
・二次関数や指数関数、対数関数、ベキ関数を使う（高校数学）
こともある。

いずれにしても、こうした内容は、現代版「日用算」として位置づけたい*)。
＊）岡部進著『日常素材で数学する』ヨーコインターナショナル　２００８年　２０７〜２３８頁

現代版「日用算」の中身その３

第三は、「対数目盛」を義務教育の内容として位置づけることである。

３・１１震災（平成２３年３月１１日の東日本大地震と津波）報道以来、ミクロ数値とマクロ数値が
連日のように報道されて、

「ミクロ数値とマクロ数値を一括で一画面に表現しなければならない」

というケースに直面した。

また一方で、住宅資金問題が話題となって、

「ローンの返済計算」

を自力でしなければならないなど、

「対数を使う」ことが必要になっている。

こうした社会的な要請もあって、今では対数計算に慣れないと日常生活が自力でスムーズにいかないのだから、

「対数や対数目盛は義務教育の内容」

となってきている。これらも現代版「日用算」に位置づける時代を迎えている。

しかし、平成２５年実施の高等学校学習指導要領では、数学の系統性に縛られて「対数」が高校数学に位置づけられているにせよ、その位置づけ方は、昔からのままである。

数学の系統性を保持するために、

「指数関数から対数関数へ」

の流れが常識のように強調され、

「対数目盛は高校数学に登場していない」

のである。

したがって、いま対数や対数目盛の内容は再編が必要であって、この再編を踏まえて現代版「日用算」として位置づけなければならない*)。

*）岡部進著『茶の間に対数目盛！　３・１１震災に学ぶ』　ヨーコインターナショナル　２０１２年７月　８１～３４頁

現代版「日用算」の中身その４

第四は、対数方眼紙を活用することである。

例えば、データを処理していて、

「データを図に表したとき、図が曲線になる」

ことが多い。しかし、

「曲線は、その式化が難しく、予測が難しい」

から、

「縦軸や横軸を対数目盛に変換する」

という仕方を取る。

「画面を片対数方眼（紙）や両対数方眼（紙）に変換すると、曲線は直線に変身する」

から、直線の式を使って予測が可能*）になる。このような解析は、

「データ処理の常道である」

といっても過言ではない。

この点で、この内容も現代版「日用算」に位置づく。

*）①岡部進著『算数・数学への疑問』ヨーコインターナショナル　2008年　147～156頁
②岡部進著『学校数学のリアリズム』ベースプロ　1999年　201～293頁

現代版「日用算」の普及活動

これらの内容は、少々大胆な提案であるのかもしれない。けれども、筆者は、これらの内容をすでに現代版「日用算」として位置づけて、中学生以上を対象としたセッション（小規模講演会兼学

習会）で教えている。

セッションは月１回のペースで行い、あわせて８０数回を重ねているが、参加者の声は新しい数学観を生み出すと良好である。とりわけ、セッションでは東日本大震災や福島第一原発事故で放射線量測定が日常化するなどでマクロ数値とミクロ数値が混在し、対数目盛がクローズアップされたこともあって、対数目盛に関心が集まっている。

またメールマガジンでも、現代版「日用算」の内容を月の初日に発信している。ここでは、日々新聞やインターネットに登場するデータを現代版「日用算」として扱っている。

しかし、これまでセッションやメールマガジンでは、現代版「日用算」を生活数学として扱ってきたが、生活という表現が多義性をもっていることから、中身がさまざまに解釈されがちである。この多義性から来る誤解をとくには、生活数学は現代版「日用算」として位置づけられていることを強調していかなければならない。

いずれにせよ、いま大事なことは、現代版「日用算」が学校教育を終えた人たちのいわば「大人のための数学」として広まることであって、そのための機会を作ることである。

付記　この投稿原稿の表題は「大人のための生活数学セッションへの誘い――数値や数値計算を大事にしよう」であった。この原稿が編集部の目に留まり、「『日用算離れ』／生活の数量感覚取り戻せ」の表題で、朝日新聞朝刊の「私の視点」欄に平成２３年２月５日付に掲載された。

2　子どもを支える親の数学

※日刊新聞投稿原稿（平成２３年１月）の加筆

受験熱の高まりの中で

最近、親の私立中学受験熱も小学校４年生からスタートしている。どこの塾に通《かよ》っているかがひと目で分かるような鞄《かばん》を背負って、夜の９時過ぎに電車に乗っている姿を見かけるのも稀《まれ》ではなくなった。それほど私立中学校に合格するのに公立小学校はあてにならないのかと思う。

一方で、塾に通わせていることで安心している親もいるに違いない。

いずれにしても、

「学校依存から塾頼みへ」

の親の中学受験対応の意識は、競争がもたらす結果である。

「そこに何らかの教育への期待」

が見られる。

この期待を調べてみると、

「塾の教科書」

にいきつく。

たとえば、塾の算数教科書を見ると、

「問題集の類《たぐい》」

であるけれども、

「長年の受験教育の蓄積が効果をもたらして、問題素材が豊富で、どの問題も多くの指導者の目を経ているために精選されている」

というだけでなく、

「問題作りに長年の試行錯誤を経たような熟慮を重ねた歴史が反映している」

ことに気付かされる。

塾の教科書

確かに塾の教科書は、問題集の類であって、概念形成のプロセスがほとんどない。この点は、塾の目的がもたらす必然であって、そこに塾の教科書の特徴があらわれている。

言い換えれば、塾は学校教育で十分に行き届くところを避けて、手薄なところに光を当てているともいえる。

例えば、４年生の「面積」問題を見ると、

「どのような広がりも正方形をもとに測っていくことで量化されて面積表現になる」

という面積概念のプロセスは学校の授業で十分になされているという視点に立っている。

だから、塾では関連問題の解き方に力点を置く。

一方また、問題演習をすることで、

「学校で学んだ概念形成の定着」

を点検している。
しかし、塾では、

「問題が与えられるだけで、塾生が問題を作るというプロセスは省《はぶ》かれがち」

であるから、当然、問題作りの作業がない。

この繰り返しになるから、

「問題を解くという学び方の姿勢」

になりやすい。

言い換えれば、

「算数が日常生活と深くかかわっているという視点が見逃《みの》がされがち」

になる。

子どもたちは見ている！（その１）
――レシートにかかわる大人たちの仕草

こうした塾の勉強の仕方の中で、子どもたちは数値や数値計算の氾濫する生活の中にいる。そうしたなかで、

「子どもたちが出会うのは大人たちの行動」

である。

例えば、数値や数値計算の記載されているレシートの受け取り方を見よう。大人たちの受け取り方はさまざまであって、

「受け取らない大人」

「受け取っても表示をみないでポケットにしまいこむ大人」

「しばらくして道路に捨てる大人」

などのように、

「数値や数値計算に無頓着《むとんちゃく》になっている大人」

を見る。

もちろん、中には、

「レシートをまとめて保存しておく大人」

もいる。

さらに、キャッシュカードを使用することが増えるにつれ、数値や数値計算に直接かかわらない場面にも出合っている。

こうした大人の行動に子どもたちは、日々、直接体験している。

また一方で子どもたちは、

「チラシや新聞などに見られる値引き広告の数値や数値計算の氾濫」

という現象にも接している。


レシート・カード・チラシに含まれる算数・数学

ところで、レシートやキャッシュカード、値引き広告チラシには、次のような事柄と数値や数値計算が含まれている。

・消費税加算
・百分率や歩合の概念
・割引率計算（２割引、20％ＯＦＦなどの計算）
・合計
これらは、いずれも「数値」と「数値計算」をともなった算数・数学である。

子どもたちは見ている！（その２）

いま、こうしたレシートやキャッシュカード使用行動、そして広告チラシの表示に子どもたちは日々、大人を通して出合っている。

こうした出合いで、

「一体、自分の親はどんな行動をしているのだろうか」

と子どもたちは考えるにちがいない。

確かに、親と一緒に買物すれば、親の仕草は一目瞭然である。

「親の真似《まね》をして、レシートを受け取らないとか、直ぐに捨ててしまうなどの仕草」を実際にしているのかもしれない。

また、当然のように、レシートやキャッシュカードの扱い、そして値引き広告で、

「大人たちが数値や数値計算に無頓着である」

ことを知って、大人の行動に類似した慣習として、算数・数学を捉えてしまっているのかもしれない。

このように数値や数値計算に出合っても、親も子どももまったく無頓着になって、何もしないのであれば、

「算数・数学はいらない」

という生活が無意識のうちに続くことになる。

当然のように、

「数学など必要ないよ」

という意識現象も生まれるであろう。

子どもを支える親の数学とは

こうした受験にかかわる塾の実態やレシート、キャッシュカード、値引き広告チラシなどへの大人の行動形態を知るとき、子どもを支える親として、どのような行動を取るのがよいのだろうか。

行動指針の大事な鍵のヒントは、すでに見え隠れしている。

このヒントとは何か。

次のような問題提起をしたい。

第一は、概念形成を重視しているという、

「学校数学（算数を含めて）を再学習する」

ことである。

概念を踏まえた数学として問題解法を位置づけ、見直す。

第二は、受験という眼鏡で算数・数学を見るのではなく、

「算数・数学の中身を日常とかかわるようにして捉える」

ことである。

第三は、算数・数学の問題作りでは、

「日常現象にかかわるような中身に変える」

ことである。

第四は、小数や桁数の多い数値やその四則計算が実際に扱えるようにする。そのためには、

「日常現象のデータを使う」

ことである。

その際に、計算機が必要になるに違いない。そろばんを使うのも一利であるが、四則計算ができる電卓や、累乗や平方根の計算ができる関数電卓を使うことをすすめたい。

強調したいこと

とりわけ、四個の問題提起を通して強調したいのは、

「算数・数学が受験用数学の流れに大きく巻きこまれている」

という中で、しかも
「生活の中で他者に依存した数値や数値計算が氾濫し、この渦の中に算数・数学が置かれている」

という現実を直視することである。

こうした現状から抜け出すには、何よりも、
・算数・数学を日常に結びつけ

・日常現象を数学の目で捉えることを踏まえて、
・日常現象を問題作りに生かすことであろう。
このことによって、子どもたちは、「算数・数学に対して主体性を持つ」ことが出来るにちがいない。

「子どもを支える親の数学」の普及

そこで筆者は、こうした「調べる」「ペンを動かす」「計算する」という手足を動かすという「作業を取り入れた親の数学」を目指して、前節でも触れたように、月初めのメールマガジン発信と第四の火曜日の小規模の講演会（セッション）を開いている。

今こうした数学の普及活動が必要ではなかろうか。

付記　投稿原稿の表題は、「子どもを支える親の数学を普及させよう」である。残念ながら、採用されなかった。

3　問われる「系統の学校数学」

※日刊新聞投稿原稿（平成２３年１月）の改題と大幅な加筆

数値や数値計算は機械任せの時代

すでに述べてきたことを繰り返すように、最近の顕著な数値文化現象は、販売店から生み出されるレシートである。

しかも一枚一枚のレシートには、購入した品目と個数と値段とその計算結果が表示されているのだから、

「数値と数値計算は無量大数*）」

になって世に放出されている。

またこうしたレシートは手書きでもなく、宛先がないから領収書にならないで、単なる計算書の類であることだ。

*）この表現は、江戸時代初期に刊行された『塵劫記』（吉田光由著１６２７年）には、最も大きな数の表現として使われた。「無限大」という意味を持っているといってよい。

こうしたレシートも、受け取る人がいると同時に受け取らない人もいて、その扱い方はさまざまである。中には一枚一枚のレシートを大事に保管している人もいるであろう。

こうした数値文化現象は、

「計算書の氾濫」

というように呼称することが出来ると同時に、

「数値と数値計算が捨てられている」

ともいえるし、

「機械任せにされている」

ともいえる。

　このように数値と数値計算が扱われてくると、

「数値や数値計算は軽視されがち」

になって、しかも日常茶飯になってくると、

「主体的に実行しなければならない数値計算も他者任せ」

になりやすい。

　既にこうした行動現象が現れている場面にも出会う。この端的な例は、首都圏交通機関用のカード使用に見られる。

「運賃表を見る人の激減」

「乗り換え運賃計算をしないで済む」

ことからくるという、

「計算不要行動」

である。

　いずれにしてもこうした行動は、

「数値や数値計算への無関心さを助長する」ようになるに違いない。

それだけでなく、こうした行動は、

「数学からの逃避」

「数学嫌い」

という意識を大人にも子どもにも植え付けてしまう。

数学嫌いと数学逃避は不変か?

もちろん、数値や数値計算の無関心さだけで、「数学からの逃避」や「数学嫌い」が生まれるというのも短絡的な捉え方であるといわれるかもしれない。

確かに、「数学からの逃避」や「数学嫌い」という意識現象は、レシートやカードが普及してない時代に学校教育を終えた人たちにも存在しているのだから、その現象を生み出している要因が数値文化現象にあるとは必ずしもいえない。

「問題が解けない！」

という躓《つまず》きや、進路とのかかわりから、

「受験科目に使わないから」

などという理由で、数学から離れた人も多い。

中には、

「どこに役立つのか分からない」

という理由から、興味を失った人もいる。

そういえばある会合の席で、このような発言に出合ったことを思い出す。

「どこに役立つのか教えてもらった記憶がない」

「問題の解き方は教わったけれど、使い方は教えてもらわなかった気がするね」

「因数分解なんて、こんな年になっても使ったことがない」

「二次関数だって同じだよ、どこに使うのだろうね？」

「高校２年生の頃から急に分からなくなって、おちこぼれになって……」

こういう発言には、

「今でもいろいろな会合の折にしばしば出合う」

が、いずれも自分の体験に基づいていて、

「個別性があるような発言」

とはいえ、

「体験した学校数学の特徴の一端を言い当てている」

ように思う。

いずれの人も、６０~７０歳代であるように見えるから、いまから遡《さかのぼ》って４０年から５０年前の学校数学の体験であるようだ。

問われる「系統の学校数学」

——算数・数学教育の歴史から

では、今から４０～５０年前の学校数学は、一体どのような内容であったのだろうか。歴史を一瞥《いちべつ》すると、その特徴はいくつかに分けることができる。

①【生活単元の学習】

終戦直後の昭和２４年から進められた学校数学は、

「生活単元の数学」

と呼称されていた。

この頃の算数・数学の教科書を見ると、単元名は数学用語ではなく日常語であった。例えば、昭和２７年の中学校一年用の教科書（『日常の数学１―上』大日本図書）の目次をみると、次のようである。

「単元１　私たちの学校
単元２　身体検査
単元３　私たちの食事
単元４　私たちのスポーツ」

このように単元名は日常生活にかかわる言葉であって、さらに単元１の各章を見ると、

「第１章　私の一日」

であって、

・日課表を作る仕方を通して、そこに数学を生かす

という内容である。

また、

「第2章　私たちの学校」
では、
・学校の徽章《きしょう》（記章）や校舎の図面を素材にして自分の学校を数学（幾何）の目で見ることを目指している＊）
という内容である。
＊）大日本図書ホームページ　２０１２年１月９日検索
ここには、次のようなねらいが生きている。
・日常生活で出合っているさまざまな出来事や諸事物を基にして算数・数学を学ぶ
・内容づくりでは日常とのかかわりを重視する
・日常生活を通して数学を捉える
・数学が使えるようにする
・数学を日常に生かすように中身を構成
この学習形態は、後に
「生活単元学習」
と呼称された。

確かに、子どもたち（児童・生徒）に算数・数学を教える場合には、日々、家庭や地域、学校の生活で毎日のように出合っていて、手足で直接触れているものを素材として使い、生活で培《つちか》った体験や経験を生かしていくという方針の方がよい。

言い換えると、小学校や中学校の算数・数学の指導方針は、

・体験をよりどころにする

・日常生活こそ、算数・数学の学力・能力を培い、高める源泉である

であるとした。

この点で、当時の文部省が推進した「生活単元学習」の方針や姿勢は、いまから見ても間違っているとはいえない。

②【生活単元学習の否定と工業技術者の養成】

しかし、当時の学校数学の姿勢に対して、この学習形態が定着しないうちに、

「国立教育研究所」(現国立教育政策研究所)

「日本教職組合」

などがおこなった学力調査で、

「学力低下」

という結果が判明し、文部省への批判に拍車がかかる。

と同時に、

「経験主義」

という批判も数学者*) からあって、文部省は方針転換をすることになる。

*) 岡部進著『水道方式への疑問』 教育研究社 1984年

この頃、

方針転換の先駆けは昭和31年(1956年)に行われた高等学校学習指導要領の改訂である。

「朝鮮戦争が勃発し、休戦」（１９５０年６月２５日勃発～１９５３年７月２７日休戦）

の状態で数年が経過した時期であった。

その一方で、

「日本経済が復興する途上」

にあった。そして産業界からの要請で、

「工業技術者の養成が急務」

であった。


こうした経済復興現象が教育内容の改革を促し、改革のスタートは前述のように高等学校学習指導要領の改定であった。

高校数学は、

「数学１、６単位」

「数学Ⅱ、３単位」

「数学Ⅲ、３または６単位」

というように科目名称も単位数も改定され、

「理系コースは１２単位」

を学ぶことが出来るように急展開する。


いま見ると、高校数学の理系コースは、産業界からの要請を受けて、
・工業技術者養成の急務を裏付けている
ことが分かる。

③【米ソ冷戦下の系統学習の推進と現代化】

一方、米ソ冷戦下、昭和２５年（１９５０年）ごろから、

「アメリカで数学教育の改革」

が始まり、これが端緒になって、
・現代数学を主役
とするような２０世紀第２回目の、
「世界的な数学教育改造運動」（「現代化」と呼ぶ）
が広範囲に広がる*)。

＊）第１回は１９０１年に始まって、「ペリー運動」と呼称されている。岡部進著『「洋算」摂取の時代を見つめる』ヨーコインターナショナル　２００８年　１７３頁

この間の昭和３２年にはソ連のスプートニックが打ち上げられる。まさに世界は宇宙戦争に突入したかのようであって、

「世界中で宇宙開発の科学者と技術者の養成」

が急務になる。


日本も例外ではなかった。翌年の昭和３３年には、

「小学校、中学校、高等学校の学習指導要領の改定」

が発表されて、小学校・中学校・高等学校と足並みを揃えるように、
・生活単元学習からの決別

が確定した。
この改定内容は、昭和３６年から小学校で始まり、翌年から中学校、そして３８年から高等学校で始まった。
例えば、中学校1年の数学教科書*）の「数量編」を見ると、単元項目は次のようになっている。
「第1章　数とその計算
第２章　文字と式
第３章　比と比例
第４章　正の数、負の数
第５章　近似値と計算尺」
*）大日本図書ホームページ　２０１２年1月9日検索
この例のように、新しい教育内容は、
・各章の題目が数学用語に変わり
そして、
・第5章に〈近似値と計算尺〉という生活に結びつく内容がある
けれども、生活単元学習のモットーの、
・はじめに生活ありき
は捨象され、一転して、
・はじめに数学ありき
が強調された。

この教育内容は、
・階段を一段ずつ上るような系統性を重視した内容
であった。

このために、この学習形態は、

「系統学習」

と、呼称された。

④【現代化の推進と頓挫《とんざ》】

「系統学習」は、１０年近く続くが、この間、日本でも「現代化」が盛んになり、文部省を中心に教育内容の改造が促進された。

こうして、次の１０年間は、

「現代化」

の教育内容になって、
・はじめに現代数学ありき
という内容になる。

しかし現代化は、アメリカで行き詰《つま》る。

「スローラーナー（slow learner）」

と呼称されるような
「学習に躓《つまづ》く児童・生徒が大量化する」

という問題が起こり、

「現代化を修正する」

ことが余儀なくされる。

この現象は、日本でも同様におきて、
・現代化は頓挫する
ということになる。

⑤【現代化の頓挫でも系統学習】

以降、学校数学の内容は、紆余曲折していまになる。「生活から」という視点は完全に失われ、
数学が主役といわれるような、

「系統の学校数学」

が続く。

この間の学校数学に出合った高校生の多くは、
・高校数学から早々と離脱する
・文型志望の大学受験では受験科目に数学がない
・卒業単位のみの数学で可
また、地域のトップ校の高校でも、
・理系コースを選択するものが３分の１
などになって、

・数学から早く離れることが大学受験に有利
ということが当然の成り行きになる。

このように、
・理系コースの不人気
は、やがて来るであろうと予測されるように、
・将来の科学者や技術者の先細り
を生み出すのが現実となっていく。

いま、こうした先細りの現実に産業界が出合って、

「理系の授業時間数を増加する必要あり」

という掛け声があがり、文部科学省もその声にふさわしい学力向上を目指して、

「系統の学校数学」

を推進する方針に拍車をかけている。

40数年の「系統学習」の歴史を振り返ってみると

しかし、40数年も継続してきた「系統の学校数学」を振り返ってみると、次のような疑問を感ずる。
・人々の生活に「数学」は根付いたのだろうか
・人々は「数学」を生活に活用しているのだろうか
・数値や数値計算への無関心という現象が生まれているのではなかろうか

・〈数学よさらば！〉という層が多数派になって増大していないか
・未来を支える科学者や技術者は大量に育っていったであろうか
こうした疑問にぶつかって産業界の動向を見ると、科学者や科学技術者を外国に頼る傾向にあるらしい。

これでいいのだろうか。

いま緊要なのは、
・理系選択を目指す児童・生徒層を広げるとともに、また、
・児童や生徒の数学の資質を豊かに高めることを目指すなら、
・系統の学校数学の内容を再考することであろう。

数学が使われている現実

さて、話を戻して、「生活から」の数学をここで考えてみよう。日々の生活に数学が使われている場面に目を向けてみよう。

例えば、前節で取り上げた各種料金（電気、ガス、水道、税など）の計算であるが、この中の数学を取り上げてみると、次のような内容である。
・文字式

・実数
・変数と変域
・複合した一次関数
・不等式
これらは、いずれも中学校数学である。これらの項目を見ると、日常とかけ離れて、数学それ自身のように見えるから、「系統の学校数学」と呼称されるような内容にみえる。

けれども、

「各種料金にかかわる」

という主題があると、

「生活と深くかかわって数学が登場している」

ことになる。

当然、これらの項目の内容は、

「生活からの数学」

としての扱い方になる。

いわば「生活単元学習」にふさわしい数学であるといってもよい。

こうした「生活からの数学」であるなら、大人になって、
・どこに役立つのか分からない
・どこに役立つのか教えてもらった記憶がない
・問題の解き方は教わったけれど、使い方は教えてもらわなかった

という声は聞こえてこないはず。

しかしいま、大人になって、各種料金を自分で計算しているであろうか。計算することが可能であっても、人は料金の整合性を確かめるような計算をしているとはいえない。

・会社が計算機を使って間違いなく計算してくれている

と信じて、

・料金は指定の金融機関に振込まれている

と安心している。

いわば各種料金の計算のような「日用算」（前出）は、「系統の学校数学」ではほとんど扱われないから、学ぶ機会がないということもあって、こうした計算を躊躇《ちゅうちょ》する要因にもなっている。また一方、各種料金の計算は、数学と無縁であるように思っている大人もいるであろう。

しかしいま、「日用算」は生活の中で誰もが目にする数学であるから極めて大事である。それだけに、「系統の学校数学」を学校で学ぶだけでは、数値や数値計算に親しみ、そして現代版「日用算」に長《た》けた生活をするには限界があるように思う。

いまこそ、「大人のための生活数学」を学ぶ機会を広めなければならない。

付記　投稿原稿の表題は、「大人のための生活数学」の普及へ――レシートの氾濫とカード時代を危惧して」であった。この中の「系統の数学」の記述が簡略しすぎていたので大幅に補充することにした。なお、この投稿原稿は採用されなかった。

4　日々、数学を使っているという意識改革

※日刊新聞投稿原稿（平成２３年１月）の改題と加筆

問われる数学観

　色々な機会に、

「ここに来るまでに数学をしてきましたか」

と問いかけると、大抵の方は「いいえ」に傾斜する。

　そして必ず付け加える言葉がある。
・数学は苦手だったよ
・数学は学校で学んで以来、疎遠でして…
・数学は卒業しちゃった！
・難問で苦労したことしか記憶にないね
これらの思いが「いいえ」につながっているようである。

　この傾向は学校教育を終えた大人たちが抱いている共通な数学観であるらしい。この数学観は、いうまでもなく、社会的な背景もあるにせよ、学校教育の過程で形成されてきたと断定してもよいであろう。

読み書きそろばん

かつて数学は、日本の伝統として「読み書きそろばん」の《そろばん》としての意味を持っていたから、数値（数）は量計算に結びついていた。

江戸時代には、和算書『塵劫記』（吉田光由著　１６２７年刊）に象徴されるように、数学を学ぶスタートはそろばんの割り算であった。割り算が出来ないと商いも百姓の仕事も土木工事もままならないというわけであった。この教育は、主に寺小屋で行われた。

明治維新を経て、国の教育機関として明治5年に小学校が各地に創設された。すると、「読み書きそろばん」の中の《そろばん》は、

「算術」（初めは「洋式算術」と呼称され、また「算術」は小学校だけでなく、中学校もあった！）

に位置づけられた*)。

＊）岡部進著『「洋算」摂取の時代を見つめる』ヨーコインターナショナル　２００８年　８０～９０頁

この中に、

「日用算」（前述、５１頁）

も含まれた。

けれども、「算術」は西洋式の計算術の「筆算」を主流とする中身になったから、従来からの「そろばん計算術」は不要とされ、廃止や復活などの紆余曲折を経ることになる。

いま、そろばん計算術は、小学校算数から切り離されて、珠算塾が中心になって普及活動を展開していることで、わずかに生き残っている。

以来、「読み書きそろばん」という《そろばん》の代名詞にもなりえた「日用算」は、西洋式の

計算術の「筆算」をベースにした小学校算術の内容として位置づけられ、教養や生活の知恵としての役割を持って、今日に来ている。そして、

・社会に出ると数学を教えてくれないから、学校で学んでおきなさい

という言い伝えとなって、算数・数学は学校で学ぶ高度な学問対象のひとつになった。

しかも、1960年代から、学校での算数・数学の中身は、現代数学を踏まえた「系統の学校数学」になって抽象化され、中学校・高等学校では「日用算」の機能を捨象した。

「系統の学校数学」の落とし穴

社会に出てみると「系統の学校数学」を学んだとはいえ、精々、四則計算ぐらいで、携帯電話の電卓機能を使えば事が済む。

重要だから、といわれて、一所懸命に勉強した中学校・高等学校の数学であるけれども、いまでは、

・二次関数
・数列
・ベクトル
・微分積分

も全く要らない。

こうした日々の中で、突然、

「いま、ここにくるまでに数学をしましたか」

と問われても、頭が真っ白になって、「いいえ」としか答えようがないというのが、問いかけへの返事であったに違いない。

まさに、

「系統の学校数学の落とし穴にはまった」

というわけである。

セッション（ミニ講演会）風景

こうしたことを踏まえて、セッションや講演会で、

「皆さん、誰もが数学をしてきていますよ」

というと、参加者は不思議そうな表情を浮かべる。

例えば、この会場に来るまでに誰もが、

・時計を見る

・歩く

・電車に乗る

・食事をする

・新聞を読む

という行動をしている。

実は、

「この行動から数学は必然的に生まれている」

写真１　第 83 回生活数学セッションの様子　東京・麹町の会場にて

というプロセスを説明すると、参加者の誰もが新鮮に聞こえるらしい。

つまり「いいえ」につながっている数学観は、

「行動には現代数学を踏まえた〈系統の学校数学〉がいっぱい含まれている」

という意識や捉え方の体験をしていない中で形成されてきているともいえる。

一方また「いいえ」の数学観は、

「数学を使うという方向に向いていない」

のだから、

「数学は行動することと無関係である」

という捉え方にもつながっている。

そして、突き詰めると、

「数学は思惟《しい》の所産」

ということになって、さらに、

「数学は美意識の所産」

という捉え方にもつながる。

確かに数学は思惟や美意識の所産という数学観の行き先もありうるので否定するわけにはいかないが、だから、

「数学は生活と無関係」

というわけにはいかない。

レシートやキャッシュカードに象徴されているように、数値が安易に扱われ、数値計算をしなく

ても済むようないまの世の中であることや「数値や数値計算」から乖離《かいり》する傾向にある生活の現実を直視しなければならないであろう。

現代生活を生き抜くためには、

「日々、数学をしています」

という、

「行動から生まれる数学」

を大事にするという数学観を共有することが必要である。

こうした数学観を共に分かち合うことを願って、「生活数学ネットワーク」を提唱している。もちろん、ここで使っている「生活数学」は、「読み書きそろばん」の「そろばん」につながるような現代版「日用算」（第１節）の中身である。

その視点は、

・数学を使う

・数学の目で社会の動きを見る

ということである。

付記　投稿原稿の表題は、「日々数学をしていますか／『大人のための生活数学』の提唱」であった。この投稿原稿は日本経済新聞社編集部の目に留まり、その後に「生活数学／朝から晩まで」の見出しの記事となって、平成２３年２月１日付の全国版文化欄で、生活数学に取り組んでいる経緯として紹介された。

5 「生活数学」を学ぶ場をひろげよう

※日刊新聞投稿原稿（平成２３年１月）の加筆

値引き表現に変化か？

賑《にぎ》やかな商店街を歩いていると、店先の商品には、

「１０％ＯＦＦ」

「２０％ＯＦＦ」

などの値札がかかっている。最近では「％」や「ＯＦＦ」がすっかり定着して、かつて日本の伝統的表現として使われていた縦書きの
「一割引き」

「二割引き」

という表現が見られなくなった。これも流行なのかもしれない。

また、巷《ちまた》で手渡されるチラシをみても、かつては縦書きであったから縦長用紙が使われていた。けれども今では、

「横長の用紙が多く、商品の販売紹介も横書きが目立つ」

ようである。

さらに、役所や会社から送られてくる印刷物も、

「数値や比率、価格増減の変動図形などが入り込んでいると横書き」である。

このようにデータを扱う広告や文章は、たぶん、パソコンソフトを使って横書きに書いたに違いない。縦書きに直す面倒さを省《はぶ》いてか、また見易《みやす》さを優先してか、横書きが目立つ。

こうした横書き傾向は、突き詰めていくと、横書きを優先しているパソコンソフトが助長しているようにも受けとめられるが、なによりも

「横書きの西洋文化で育まれたパソコン技術やこの根底をなすという西洋数学の表現方法が深く介在している」

ように思われる。いわば、

「西洋文化の西洋数学」

が日々の生活に浸透して、横書き表現の西洋数学を使わないと事柄や現象が表せないということの表れでもある。

たとえば、小数表現は横書きで生まれたのだから、どのように工夫しても縦書きでは難しい。苦肉の策で小数点を「・」にして、たとえば、円周率 3.1415 を３・１４１５としているような日刊の新聞記事に出合うが、

「真ん中の点・を使って小数点を表すのは邪道」

といわれてもしょうがない。西洋数学としての小数表現を踏襲《とうしゅう》すべきである。

こうした一方で、江戸時代からの日本の伝統数学（和算という）の数表現は、いま徐々に姿を消している。

例えば、小数各位や度量衡表現での

「分《ぶ》、厘《りん(り)》、毛、糸、・・・」

「勺《しゃく》、合、升、斗、石《こく》」

「歩《ぶ》（坪）、畝《せ》、反、町」

「匁《もんめ》、貫」

は過去の遺物となってしまっている。

数学への固定観念

このように西洋数学は、日本の津々浦々まで普及し、呼吸する空気のように人々の生命の糧《かて》として無意識に蓄積されてきている。今では「日本の数学」であるかのように思い込まれて、日々使われいる。

こうした状況下、セッション（ミニ講演会）や講演会などで、学校教育を終えた大人たちに、

「今ここに来るまでに数学をしましたか」

と問いかけると、手をあげる人はほとんどいない。

なぜなのか。要因は人によってさまざまであるけれども、共通な要因を探すと、数学への固定したイメージであろうか。

「数学」

と言うと、学校で学んだ教科の算数・数学を思い浮かべるからに違いない。あるいは学校で学んだ算数・数学の目で世の中の出来事を見ているからなのかもしれない。

いわば、学校数学を生活に生かしていると言う実感が薄れているからなのであろう。

こうした風潮は、学校教育で話題になる数学逃避や数学嫌いのレベルを越えて、大人の社会でも数学観や数学行使に大きな壁を生み出しているように思えてならない。

固定観念から第一歩を踏み出す

だから、講演会で、

「皆さん、誰もが数学をしています」

と言って、
・時計を見る
・歩く
・電車に乗る
・食事する
という場面をはじめ、売り場で、
・レシートを受け取る
・カードを使って交通機関に乗る
という場面に話が及ぶと誰もがうなずく顔になる。

とりわけ、数値や数値計算が表示されているレシートへの対応姿勢に言及すると、

「そう言われると、レシートを安易に捨てているね」

「数値や数値計算まで捨てているとは思わなかった」

という反応が返ってくる。

つまり、

「行動することに伴って数学も一緒に生きている」

という意識が一人ひとりによみがえってくるらしい。

生活数学のすすめ

このように日常行動にかかわっていると意識するとき、、
数学は、
・一人ひとりの生活を支え
・生きる糧にも結びつき
・明日の自己を育てる
ことになる。
このような数学を筆者は、
「生活数学」（造語）
と、呼称している。
生活数学は、
・賃金
・預貯金やローン
・各種料金（ガス、水道、電気、税、医療費など）

などにもかかわっているとともに、そこには仕組みがある。

「仕組みの数学」

を知りたいと思っている人も多いに違いない。

けれども、学校の教科書を開いても、「仕組みの数学」にすぐに出合うとは限らない。学べる機会を作ることが必要である。

こうしたことから筆者は、「生活数学」を呼びかけている。

「生活数学」の普及活動は、まだ始まったばかりである。継続することで、ひとりでも多くの人が数学の目で物事を見るようになり、そして数学を使って生活を賢く豊かにすることが出来るようになればよいと思う。

付記　この投稿原稿は、残念ながら、採用されなかった。

6　登校中も算数・数学をしているよ

※数学教育の研究会からの依頼原稿（平成２３年６月３日記）

異業種交流会に招かれて

　ある日のこと、異業種の若い経営者の会合に講師として招かれたとき、講演の冒頭に、

「ここへ来るまで数学をしましたか」

という質問をしたところ、珍しく数名が手をあげた。

　聞いてみると、

「伝票の整理」

「経理計算」

「パソコン業務」

などを担当している人でした。他の人は、全く手をあげない。

「あげない人の比率は９割を超えている」

に違いない。

　一方、講演後の懇親会では、

「文系なんで…」

「数学に出合っていないね」

「算数は好きだったけど…」

「数学は苦手でしたね」

「高校になってついていけなくて…、興味をなくしたね」

という声を聞く。数学好きは少数派であるようだ。この日、

「皆さん、朝から晩まで数学をしていますよ」

という切り口で講演を始めた。一瞬、静まり返った。

・不思議そうな顔
・どんなことをしてきたのかな？
と、行動を振り返っているという気持が顔の表情や身振りに表れている。
・数学を懸命に探している
という雰囲気が全体に伝わってくる。

その数学は、高校までの学校数学に違いない。きっと、因数分解や二次方程式や微積分であるのかもしれない。

そこで、次のような問答をする。

写真２　異業種交流会の様子　東京・文京区千駄木の旧安田楠雄邸にて

「皆さん、朝起きたら何を見ます?」

「時計」

「そうです、時刻を知ろうとしますね」

「………」

「皆さん、すでに数学をしているのです」

誰もが唖然としている。

「それでは、皆さん、家を何時に出ます?」

「7時30分丁度」

「それでは、朝起きてどれくらい経っています?」

「1時間半」

「そうです、時間が生まれているのです。時刻と時間の関係、これも数学なのです」

こうした説明をすると、

「なるほど」

と皆さんは、

「なっとく、納得」

である。

「それでは、皆さん、この会場に来るのに歩いたところもありましたね。歩くと数学が生まれるのです」

「………」(どんな数学なの?)

「時刻と位置、これで〈関数〉が生まれるのです」

「関数？」

この日の講演会作業

この日、テーブルや椅子、ビール瓶、コップなどから輪郭を抜き出すことで幾何が始まり、水や紐そして布などの連続量を測ることから精度の高い数値化も進む。

やがて、

「実数」

が生まれた。

さらに経営にかかわって日々のデータを溜《た》めることや時系列データの扱い方など、多方面の話をした。

高校数学まで通過している経営者

経営者のほとんどは、小学校、中学校、高校、そして大学までの教育を受けてきている。しかも高校まで、数学が好きであろうと嫌いであろうといつも付き合ってきている。そして社会に出て何年間が過ぎ、会社の規模に凸凹があるにせよ、経営のトップになった人である。

こうした職歴のある人たちでさえ、あらためて、

「数学をしていますか」

と問われると、

「真っ白」

になってしまう。

　そして思い出すのは、

「過去に学校で習った数学」

であるという。

　こうした現実を、振り返ってみると、

「学校で学んだ数学は日々の行動の細部に生きていない」

ということである。

「細部に生きていない」

のだから、

「どこにいても数学を使っている」

という意識も生まれてこない。

　必然的に、

「行動に数学を使う」

という意識も生まれない。

　いわば今の数学は、

「普段着でなく訪問着で数学の部屋に〈お邪魔〉する」

という格好になって、

「過去の問題ばかりの数学テキストが用意され」

ていて、

「テキストの問題をコツコツと繰り返し解く」

という形態なのかもしれない。

指導を受けながら解き方を教わって、

「ありがとうございました」

と礼を行って部屋を後にする。

こうした光景が浮かび、

「数学は、現実と無関係でよい」

ということになる。

こうなると、

「数学は、衣食住とかけ離れた抽象ゲームや観賞用になってしまう」

ということになるのかもしれない。

数学は日常とかかわっている

さて、そこで、

「数学は、現実と深くかかわっている」

という事実を明らかにしながら、

「日常現象にかかわる数学に光を当てる」

ことになる。

過日、「数値文化に親しむ会」の講演では、文部科学省ホームページに登場している「日常生活と放射線*)」

という内容の画面をプリントして引用した。

*) 岡部進著『茶の間に対数目盛——3・11震災に学ぶ』ヨーコインターナショナル刊2012年9月)

縦線に10、100、1000、10000、100000(シーベルト)が等間隔に目盛で表記されている。

その等間隔に目盛られた間に、被曝量の諸数値もルールに従って記入されている。

この事実を数学の目で見ることにした。

この目盛は、

「対数目盛」

であって、高校数学でもほとんど触れない内容である。

数日後、「日常生活と放射線」の中身とほとんど変らない記事が小学校6年生対象の科学雑誌に登場していることを知った。

これにはびっくりしたが、いまや「対数目盛」は小学生も学ぶ内容になった。算数・数学の内容は、東日本大地震以降から大きく変ってきているという実感である。

第4章　大量数値の現象に強くなる一歩へ

本章で扱っている題材は、前章で紹介したミニ講演会（セッション）で取り上げている中の一部分である。いずれも、生活数学の中身を具体化している。

1　今を語る統計数値

時系列でないデータの観察

先に、時系列データが大事であることを述べたが、時系列データも集計すると時系列でないデータに変身することが可能になる。だから、時系列でないようなデータも世の中にはいっぱい生まれている。いわば、時系列でないデータは、時の経過を基にしていないデータであるから図の中に入り込める。

本節では、時系列でないデータに的《まと》を絞《しぼ》って観察してみよう。

日刊新聞の記事から
――フラッシュメモリーの世界シェア

時系列データでないような事例は、日刊新聞記事にしばしば登場する。

図１は、時系列でないデータを図にした事例で、「円グラフ」（図１は楕円《だえん》形になっているが、円グラフの変形と見做《みな》したい）という。

また、「ＮＡＮＤ型フラッシュメモリー」とは、「携帯電話やデジタルカメラの記憶媒体に使う半導体」（日本経済新聞２０１０年2月１０日）

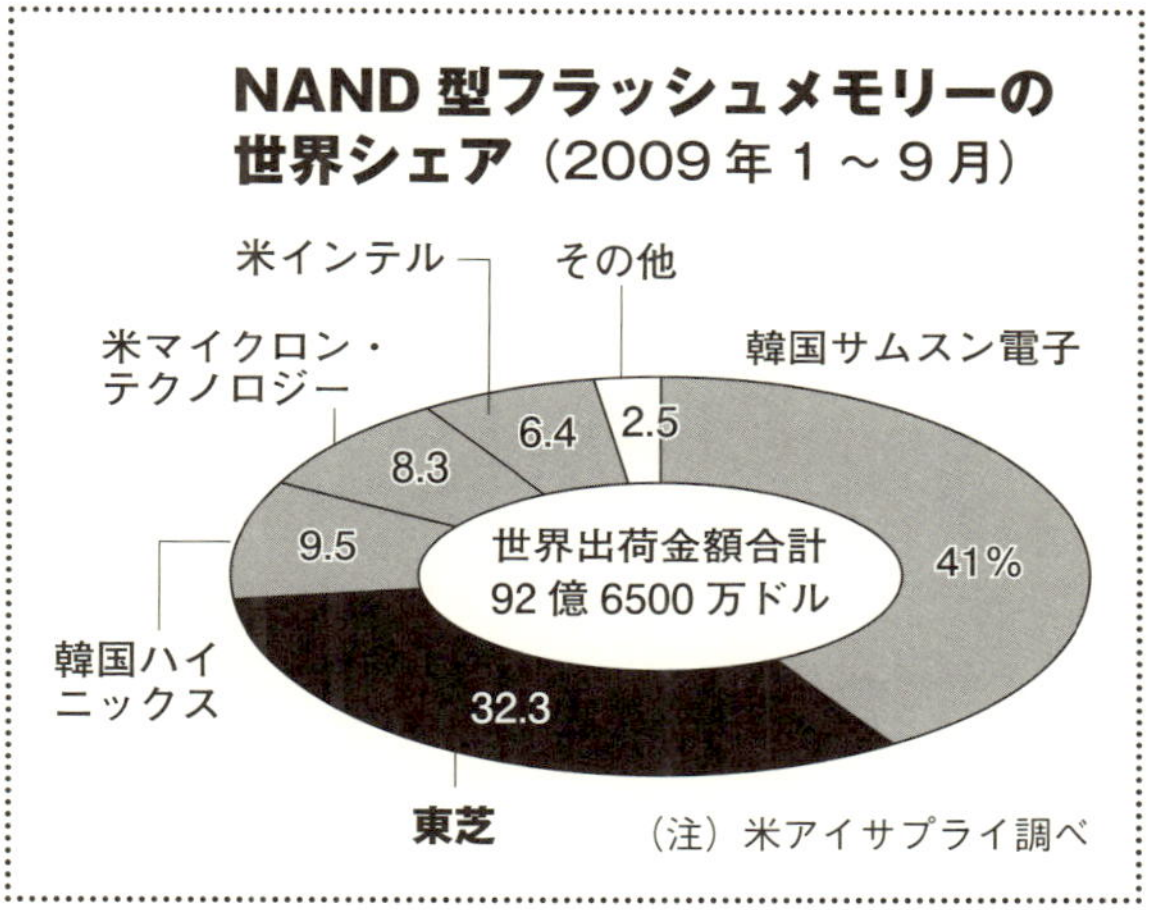

図１　出典　日本経済新聞　2010 年 2 月 10 日朝刊

のことである。

図１の表題にあるように、ＮＡＮＤ型フラシュメモリーの出荷金額で見ると、各国の業者シェア占有率のパーセントは、

「２００９年１～９月までの時系列データ」

を集計した結果であって、

「占有率の実態」

を表している。

と同時に今後の、

「予測への資料になる」

ことは言うまでもない。

時系列でないデータの表し方

さて、時系列でないデータを他者に説明する場合、どのように表現するのがよいのだろうか。その方法に目を向けてみると、図１のような円グラフの他に、

「データを一覧表にする」

ことも、その一つである。

しかし、図１の場合では、

表1

業　者　名	占有率%	出荷金額：万ドル
東　　芝	32.3	29億92495
韓国サムスン	41.0	37億9865
韓国ハイニックス	9.5	8億80175
米マイクロテクノロジー	8.3	7億68995
米インテル	6.4	5億9296
その他	2.5	2億31625
合計	100	92億6500

注　出荷金額は総額と配分百分率から筆者が算出した。数値表現の末尾は四捨五入するのがよいがそのままとした。
　出典：日本経済新聞　2010年2月10日朝刊

「世界出荷金額合計９２億６５００万ドル」

というデータが最重要であって、占有率を優先するという狙《ねら》いから、

「出荷金額を省《はぶ》いている」

と考えられる。

　したがって、一覧表にするには、各業者の出荷金額を求めて表に記入していかなければ完結しない。

　そこで、やむを得ず、

「各業者の出荷金額は、総額と占有率を使う」

ことで、筆者が求めた。そして一覧表に作成したのが表1である。

　表1を見ると、各業者の出荷金額の億以下の数値は、占有率を優先して見やすく捉えられるようにすると、やや邪魔になる。

　概数の単位を大きくして百万ドルにしてもよいのかもしれない。

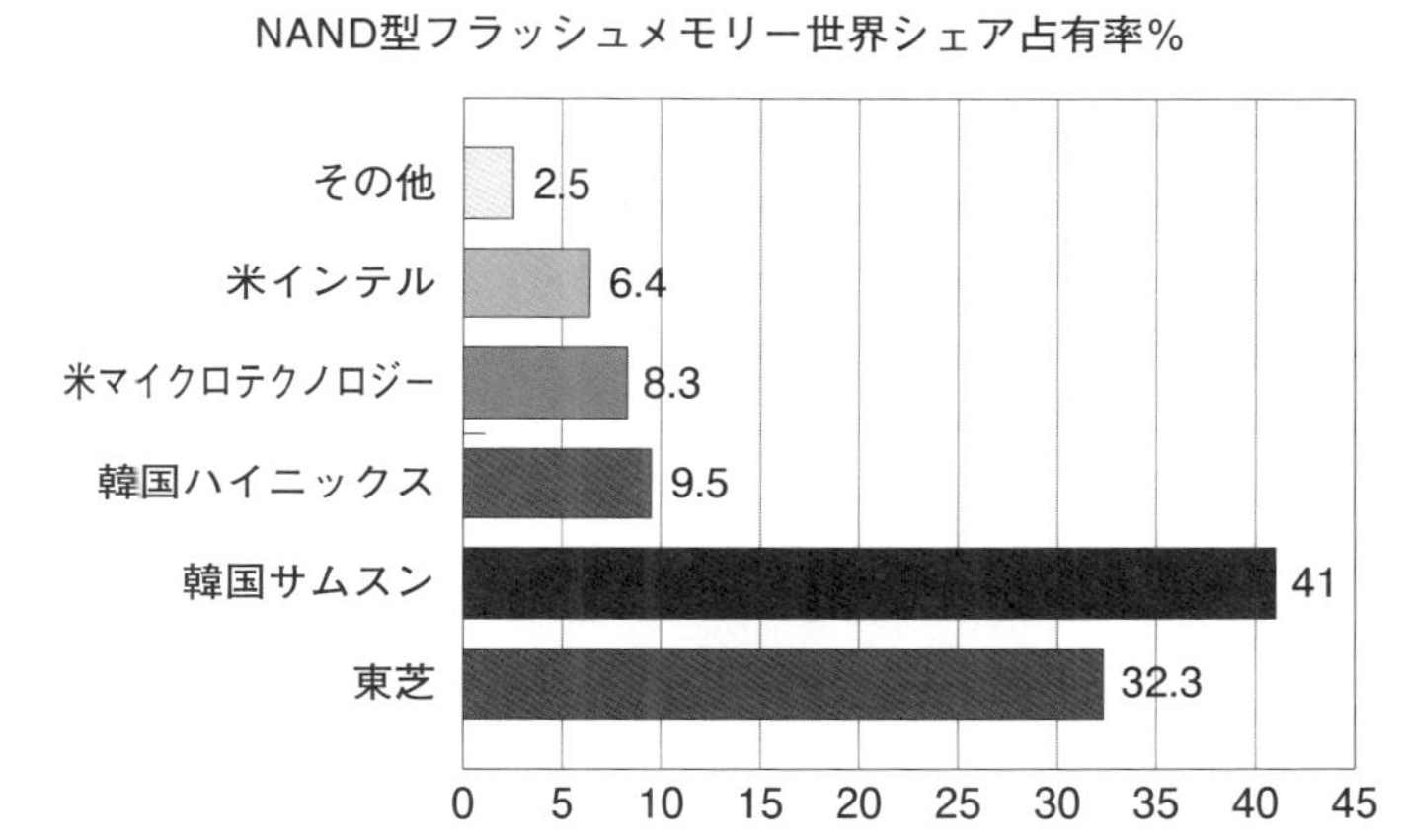

図２　図１を書き換えての柱状図

このようにすると、各業者の出荷金額のおよそが捉え易《やす》くなる。

柱状図《ちゅうじょうず》表現

また、時系列でないデータを分かりやすく他者に伝えるには、

「縦棒あるいは横棒が並ぶ」

というような、

「柱状図」（ヒストグラム）

も考えられる。

どのような柱状図にするかであるが、

「縦棒にするか」

「横棒にするか」

という二者択一で決めることになる。

ここでは、

「業者名が長いので、横棒の柱状図」

を選んだ。これが図２である。

図２は、図１の円グラフと異なって、

「横棒の長さで各業者のシェア率を比較する」

円グラフを書くための占有率に対する中心角の大きさ（度法）

・東芝 32.3%	360°　×0.323=116.28°
・韓国サムスン 41%	360°　×0.410=147.60°
・韓国ハイニックス 9.5%	360°　×0.095=34.20°
・米マイクロテクノロジー8.3%	360°　×0.083=29.88°
・米インテル 6.4%	360°　×0.061=21.96°
・その他 2.5%	360°　×0.025=9.0°
	（合計 358.92°）

図3　占有率の数値を使って中心角を求めると、わずかな誤差を伴う。

というねらいである。

　すなわち、図1のように、

「扇形《せんけい》の面積の大小で比較するか」

　また、図2のように、

「長さの長短で比較するか」

の違いであるが、

「面積の大小よりも長さの長短の方が比較しやすい」

となれば、図2がよい。

円グラフの作り方

　少し横道にずれるのかもしれないが、表1のようなデータの一覧表をもとにして、図1のような円グラフを作成するにはどうするかを考えておこう。

　手始めは、

「方眼紙上にコンパスを使って円を描く」

ことである。

　続いて、

「中心角の大きさ」

を決めなければならない。

この場合は、

「中心角の大きさを決める原理」

が必要になる。

この原理は、

「中心角の大きさを占有率の比率で配分する」

ということに他ならない。

この計算は、

「電卓を使えば容易」

であって、例えば、

「東芝 32. 3%」

の場合では、計算式は、

「占有率の百分率を小数に直して、0. 323 とし、これを３６０度に掛ける」

ことで、

「116. 28 度」（360 × 0. 323 = 116. 28）

が得られる。

このような計算式と結果を示したのが図３である。

また、この計算をするのにパソコンソフトのエクセルを使うなら、表１のデータを入力して、

「描画キー」

を使えば、即座に、図１のような、

「楕円形の占有率を示す画面が登場する」

から、円形に修正すればよい。

時系列でない事例

時系列でないデータを扱っているという事例で思い出されるのは、第一に、対象項目（品目）を

「仕分け」

することで生ずるデータである。

「仕分け」と言えば、国会審議で話題になるという、

「予算編成」

である。

予算編成にかかわって各項目への配分金額で各省ごとにいろいろな折衝《せっしょう》が起きる。この作業をするのが「仕分け」である。

「仕分け」作業で生まれてくるのは、図1のような、

「時系列でないデータ」

である。

また「仕分け」作業は、国会だけに限ったことでもなく、

・どこの企業

・どこの小売店

・どこのショッピングセンター
でも
「事業主ならば必ずおこなっている作業」

である。

もちろん、

「どこの家庭」

でも仕分けをしているに違いないから、

「いたるところに時系列でないデータは生まれている」

ことがわかる。

第二の事例は、

「国勢調査」

に伴って生ずるデータである。

これも「仕分け」のような類《たぐい》であって、

「ある時点での国民の動態調査」

であるから、

「時系列でない事例」

になる。

第三は、図１で紹介したように、

「ある時点やある期間での生産・消費・売り上げなどの集約データ」

である。これらは人々の意識や不確定現象の数値化である。

例えば、次のような事例である。
・家計調査
・児童・生徒の体力測定
・学力調査
・登校時間帯調査
・図書貸し出し分類調査
・医薬品購入品目調査
・野菜や果物、電化製品などの生産量の各項目の月間、年間の合計
・各社の自動車、各社のビールの販売量、販売金額の月間、年間の合計
・期間限定の海外旅行者数
・訪日旅行者の月間、年間の国別人数
・渋滞する交差点での交通量調査
・自動改札機使用調査
この他にもまだたくさん取り上げられる事例があるであろう。

ところで、これらの事例の中でも、

「人々の意識にかかわる動態調査」

は、

「その結果が注目される」

ことが多い。

また、調査は、

「アンケート形式」

で行われることが多い。

一方、

「不確定な現象の調査」

をするような場合は、

・調査場所

・調査時間

などを指定して、

・カウンター器使用

・数え上げ方式

で行われていることが多い。

いずれにしても、このような人の動態にかかわる調査結果は、新聞記事をにぎわしている。

このように見ると、「時系列でないデータ」は日常茶飯のように巷にあふれているともいえる。

2　アンケート集計をめぐって

平均と標準偏差の生かし方

アンケート事例のいろいろ

時系列でないデータに結びつく事例になるのは、

「アンケート調査」

である。

アンケート調査には、いろいろあって、調査結果を日刊新聞やテレビで見ることがある。この中で、最も印象的な事例をあげてみると、

第一は、

・○○内閣支持調査

・政党支持調査

であろう。

「電話を使って」

という仕方で、

「無作為」（年齢、職業、地域などを考慮して、偏《かたよ》らないようにして選ぶ）

という調査方法で、その対象者は、ＮＨＫの場合では、

「千人規模」

であるという。

第二は、
・身近な生活にかかわるアンケート
であって、
・嗜好調査
・買物傾向調査
などである。このような、

「生活意識調査」

というアンケートは、

「主に日刊新聞社」

で行われていることが多く、

「調査結果が記事になって、読者に提供される」

という。

このように、

「サービスとしてのアンケート調査」

は、いま、

「さまざまな分野で広く行《おこな》われる」

ようになった。

日刊新聞のアンケート事例

アンケート事例にかかわって買物する場面に目を向けてみよう。日々、デパートの生鮮食品コーナーやスーパーなどで、野菜や果物、魚、肉、飲み物などを買ったりしていると、

「今日は、３０００円をちょっとオーバーしてしまった！」

「４０００円になってしまったけど、買いすぎたかしら？」

と、買物をしながら「金額」のことが気になるに違いない。

と同時に、

「皆さん、１回にどれぐらいの買物をしているのかしら？」

と、隣《となり》の人の買物が気になるであろう。

こうした買物金額にかかわる情報にピッタリなデータが日刊新聞に掲載されていたので、数学の目で深読みをしてみよう。

この新聞記事[*1]は、

「スーパーで買物、１回の平均は？」

という見出しで、

「調査会社に依頼したアンケート[*2]結果」（回答総数６１８男女半々）

を記者が解説している内容である。

＊１）日本経済新聞２０１１年（平成２３年）２月１９日（土）ＮＩＫＫＥＩプラス１　１１面

＊２）同上の１）記事から、「調査の方法／調査会社のマイクロミルに依頼し、インターネットで実施。

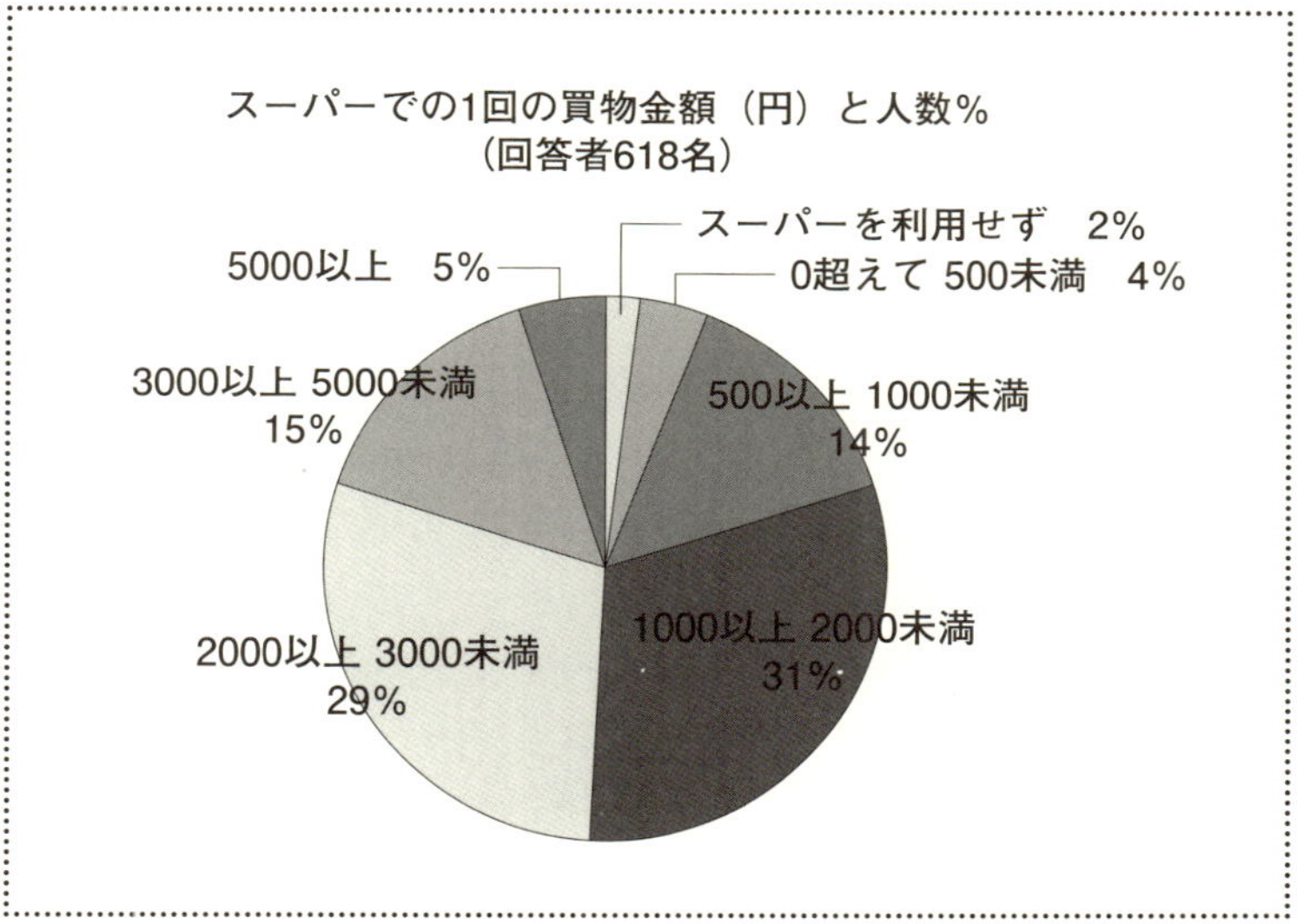

図４　日本経済新聞 2011 年２月 19 日 11 面に掲載の円グラフを再現
（筆者作成）

対象は全国の成人既婚男女で、有効回答は６１８人（男女半々）」

記事には、金額にかかわるデータだけでなく、買物の中身まで紹介されていて、

「生鮮食品が一位を占め」

ているという。

続いて、

「牛乳、ジュース類である」

などにも触れている。

この記事では、アンケート項目とその回答データが円グラフで登場していることだ。

また、

「当世／ふところ事情」

という小見出しのもとで、アンケートテーマは、

「スーパーにいくと、１回に平均いくらぐらい買い物をします

か？」（原文）

であって、アンケート項目とその回答に加えて、

「記事には二人の主婦が大根や長ネギ、白菜の入った買物籠をさげているようなイラスト」

も描かれている。

この脇《わき》には、

「円グラフ」（前頁図４で筆者が再現している）

が登場して、

「金額と回答者の人数の百分率」

が出ている。

問いかけの文言吟味

さて、アンケートの問い掛けには、

「１回に平均いくら？」

という文言があるが、ここでの「平均」の意味は、

「買物のたびに金額が変わる」

ことを前提にして、

「変わるゆれを均《なら》して」

という意味である。

この点で、回答者は、凸凹《でこぼこ》を均した金額を回答しているということになる。

したがって図１は、「１回の平均は？」という問いかけに注意しながら、データを読みとることになるが、気になるのは、

「買物金額には家族の人数がかかわってくる」

というのに、

「家族数がアンケート結果に出ていない」

から、図１のデータの解釈はむずかしい。

こうしたことを考慮して、図１で分かることは何かを列挙してみよう。

データの観察

図１で分かることは、次の通りである。
①スーパーを利用しない人は２％である
この当該項目の回答者は、野菜や飲料をどこで買っているのだろうか。スーパーまで行かずに近所の八百屋や酒店、雑貨店など、いわゆる近所づきあいの店（小売店）で済ましているのだろうか。
②５００円未満は４％である
５００円未満とは、どんな商品を買っているのだろうか。コンビニや近所の商店にないような品物を買っているのだろうか。それは、
・惣菜か？
・弁当か？
・冷凍食品？

・それとも？

と、想像するのが難しい。　あるいは、

・小世帯（単身、二人用）の買物

であるのかもしれない。

③１０００円以上、３０００円未満が全体の６０％を占めている。

買物は、先に述べたように家族数にもかかわるのだから、家族数に応じて買物金額にも凸凹が見られるに違いない。

この点をひとまず念頭に置くとして、

「６０％という占有率は日々の買物金額の目安」

として捉えることが出来る。

この点をさらに深読みするには、表２を折れ線図に表してみるのがよい。

④５０００円以上は５％である

日々の買物として、５０００円以上という金額は、

「例外的な買物金額」

になっているともいえるのかもしれない。

この点を調べるには、表２を折れ線図に表して深読みするのがよい。

データを数学の対象にする

図１のデータを数学の対象として折れ線図のように表すには、幾つかのステップがある。

表２　人数欄は、総人数 618 人を人数比率で配分すると端数が出るので四捨五入すると 619 人になる。１人分の誤差が出るが、四捨五入からくる誤差であるとする。　出典：日本経済新聞 2011 年 2 月 19 日刊

スーパーでの１回の買物金額		
階級：金額幅(円)	人数比率％	人数
スーパーを利用せず	2	12
0超えて　500未満	4	25
500以上　1000未満	14	87
1000以上　2000未満	31	192
2000以上　3000未満	29	179
3000以上　5000未満	15	93
5000以上	5	31
合計	100	619

第一は、アンケート回答者総数が出ているので多少の修正をして、人数の百分率表現を人数に代えなければならない。

そこで、アンケート回答数が６１８であるから、この人数を百分率で振り分けると表２の３列目になる。その合計は６１９となって１の差異が生まれる。この差異については、小数点以下第１位の四捨五入がからんでいる。

スーパーで買物をする人の人数確認

第二は、アンケートの趣旨から、「〈スーパーを利用せず〉を除く」ことである。

このことによって、「スーパーを利用した人を対象とする」という趣旨が生かされ、回答者の対象数が明確になるからである。そこで、スーパーを利用しない人を除いた人数を計算する。

「スーパーを利用しない人」は回答者（６１８人）

表３　　　　　　　　　　　　　**度数分布表** 対象 607 人

左から１列、２列、３列以外の欄は計算のために設けた欄である。

出典：日本経済新聞 2011 年２月 19 日朝刊

階級：金額幅（円）	階級値 x_i	人数 f_i	$x_i \times f_i$	$(x_i - m)$	$(x_i - m)^2$	$(x_i - m)^2 * f_i$
0超えて　500未満	250	25	6250	-2075.37	4307160.637	107679015.9
500以上　1000未満	750	87	65250	-1575.37	2481790.637	215915785.4
1000以上　2000未満	1500	192	288000	-825.37	681235.6369	130797242.3
2000以上　3000未満	2500	179	447500	174.63	30495.6369	5458719.005
3000以上　5000未満	4000	93	372000	1674.63	2804385.637	260807864.2
5000以上	7500	31	232500	5174.63	26776795.64	830080664.7
合計（%）		607	1411500			1550739292
平均（円）			2325.37			2554759.953
					標準偏差σ	1598.4

の２パーセントであるから、その人数は、

「12.36人」（618÷0.02＝12.36）

である。

　したがって、「スーパーを利用する人」の人数は、

　618 − 12.36 ＝ 605.64

となって、

「６０６」

である。しかし、一方で表２の３列目から、

　619 − 12 ＝ 607

となって

「６０７」

である。

　この差異は、小数点以下第一位を四捨五入することで現れた誤差として、ここでは表２に基づいて、６０７を採用することにした。

　したがって、スーパーで買い物をしたという回答者は、表３の左から３列目の人数である。

買物の特徴を数値で表現する

第三は、スーパーで買物をした人の特徴を数値で掴むことである。この一つは、

「平均」

である。

これを示したのが、表３の４列目である。ここには統計学で使われている用語が登場しているから、これらの意味を説明しておこう。

①【平均の意味】

「平均」という用語は、音読みでは「平《へい》」と「均《きん》」であるが、これを訓読みすると、「平《たいら》」と「均《なら》（す）」になる。このことから、

「平均」とは

「凸凹の数値を〈ならす〉」

という意味になる。

「〈ならす〉には、個々の数値を加算して総和を求めてから、数値の個数で割る」

ことである。

例えば、５個の仕切りのある水槽に水を溜めるとする。このとき、個々の仕切りには凸凹になるように水を溜める。そして、５個の仕切りを取り払う。これを〈ならす〉という。すると、水面は凸凹がなく、「新しい深さ」が生まれる。この新しい深さが「平均」である。

したがってこの新しい深さは、全体の水の量を仕切りの数で割った数値である。すなわち、

「平均」＝「データの総数」÷「データ数」

である。言い換えると、

「深さ（平均）に仕切りの個数をかけると全体の水量になる」

ということにもなる。

②【階級・階級値・度数】

　次に、表3の1列目には、

「階級」

という用語が出ている。これは、

「データを仕分けする仕方の一つ」

である。というのも、

「凸凹の数値が多いときは個々の数値に目を向ける代わり」

に、

「幅で区切って」

から、数値全体に目を向けると、

「個々の数値の在《あ》りようの様子が掴《つか》みやすく」

なる。

　このときの仕切り幅を、

「階級」（統計用語）

と呼称する。

続いて、表３の２列目を見ると、

「階級値」（統計用語）

という用語が出ている。さきに仕切りとしての階級を決めて、この幅に入る数値を集めるとそこに含まれる数値は、凸凹があって、それぞれが異なっている。けれども、これらを一つ括りで扱うには異なる数値の差異を無視して同一と見做していくことになる。

このとき選ばれるのは、

「階級の真ん中の数値」

であって、

「階級値」、
と呼称する。

たとえば、階級の「５００以上、１０００未満」の階級値は、７５０（計算式（500 ＋ 1000）÷ 2）である。

さらに表３の３列目には、

「度数」

と言う統計用語がある。これは階級に含まれる数値の個数である。

したがって、個々の数値の代わりをするのは、

「階級値と度数」

ということになる。

階級値と度数を使って平均を求める

先に平均の意味を説明したことを思い起こすと、

「数値の総計と数値の個数」

がかかわってくる。したがって、

「各階級に含まれる個々の数値を加算していく」

ことから始まることになるが、すでに数値を階級で区切って仕分けをしているから、

「階級値と度数」

を基にして、平均を求めることになる。

すなわち、

「個々の階級値にそれぞれの度数をかけて総和を求める」

ことで、

「個々の数値の総和と見做《みな》す」

ということになる。

そして、

「求めた総和を各階級の度数の総和で割る」

と、その計算結果が、

「平均」

である。この計算の過程が表3の4列目になる。

すなわち、次のような計算をすることで平均が得られる。

平均ｍ ＝ 250 × 25 ＋ ・・・ ＋ 7500 × 31）÷ 607 ≒ 2325.37

これが、表３の左から４列目である。

数値の散らばり

いま、凸凹をした大量数値に潜《ひそ》む特徴を数値で表現するのに「平均」を使ったが、平均では数値全体の傾向を示しにくいことが起きる。たとえば大量数値が両極端に偏《かたよ》っているとか、片方に偏りがちとかになると平均は、数値全体の特徴を表現しているとはいえない。

こうした危惧《きぐ》を払拭《ふっしょく》するために、

「数値の散らばりを掴《つか》む」

ことが必要になる。

つまり、

「数値がどのような散らばりをしているか」

という視点が大事になってくる。

この場合に、

「散らばりを捉える基点になるのが平均」

であって、

「平均からの隔たりを捉える」

ことで、

「数値の散らばりを数値化する」

ことになる。

そこで、平均からの隔たりの計算をしてみると、次のことが分かる。

(ア) 個々のデータから平均を引き、その総和を求める。

いま、n個のデータを x_i（$i=1,2,3,\cdots,n$）、平均をmとする。そして、各データから平均mをそれぞれ引いて総和を求めると、次のようになる。

$$(x_1-m)+(x_2-m)+(x_3-m)+(x_4-m)+\cdots+(x_n-m)=(x_1+x_2+x_3+x_4+\cdots+x_n)$$

$$-m\times n=m\times n-m\times n=0$$

この計算結果はゼロである。なお、平均はn個のデータの和をnで割っていることに注意したい。

(イ) また同様に、階級値 x_i（$i=1,2,3,\cdots,n$）、度数 f_i、平均をmとする。各階級値のそれぞれから平均を引き、それぞれの度数をかけて、総和を求めると、次のようになる。

$$(x_1-m)f_1+(x_2-m)f_2+(x_3-m)f_3+(x_4-m)f_4+\cdots+(x_n-m)f_n$$

$$=(x_1f_1+x_2f_2+x_3f_3+x_4f_4+\cdots+x_nf_n)-m\times n=m\times n-m\times n=0$$

この計算結果もゼロである。

こうして、この計算の仕方は数値の散らばりの物差しにすることができないから、そこで、

「平均からの隔たりの二乗の総和」

を考え、その平均を求めることを目指す。

これが「分散」である。

分散

分散は、σ^2 のように記号表現される。ここで使われている記号σはシグマと読み、ギリシャ文字の小文字である。

また、「分散」は、次の順序で計算する。

・各階級値 x_i と平均 m との差の二乗に度数 f_i を乗じて合計を出す

・合計を全度数Ｎで割る

この計算過程は、表３の右から１列目に示してある。

ここで、「分散」の計算式の一般形を示すと、次のようになる。

$$\sigma^2 = (x_1 - m)^2 f_1 + (x_2 - m)^2 f_2 + (x_3 - m)^2 f_3 + (x_4 - m)^2 f_4 + \cdots + (x_n - m)^2 f_n) \div N$$

なお、この長い数式は、総和記号のΣ（シグマ、ギリシャ文字の大文字）で表わすと短く簡単に表現することができるが、ここでは省略する。

標準偏差

続いて、

「分散の正の平方根」

を求めると、これが、

「標準偏差」

である。そして、標準偏差は記号でσのように表す。また、この計算結果は、表３の右から１列目の最下行に示してある。

このように標準偏差は、分散から得られる。

けれども、分散の正の平方根を求めるところが面倒である。

さて、こうして平均と標準偏差を定義し、実際に表3の4～7列で計算の様子を示したように、この計算を筆算で行うのは時間と労力がいる。筆算で行うような無駄を省くには、パソコンソフトを活用するのがよい。

「パソコンソフトのエクセルで計算する」のが時間も短縮され労力も要らない。またそれに計算も速い。

この事実を示したのが、表3の4～6列の計算でもあって、筆算でなく、パソコンソフトのエクセルを使っている。もちろん、パソコン画面には、ベキ計算キー（^）や総和キー（Σ（シグマ））が利用できるから便利である。

いずれにしても、こうした平均や分散、標準偏差を求めるにはパソコンを使用することを勧めたい。パソコンソフトのエクセルは、表3のような「表計算」には欠かせない。

度数分布表を使って図表現

こうして、表3は完成するが、こうした表3には、計算経過も含まれている。このうち、1～3列目までの範囲は、

「度数分布表」

という。そして度数分布表から、
・平均2325（円）
・標準偏差は1598（円）

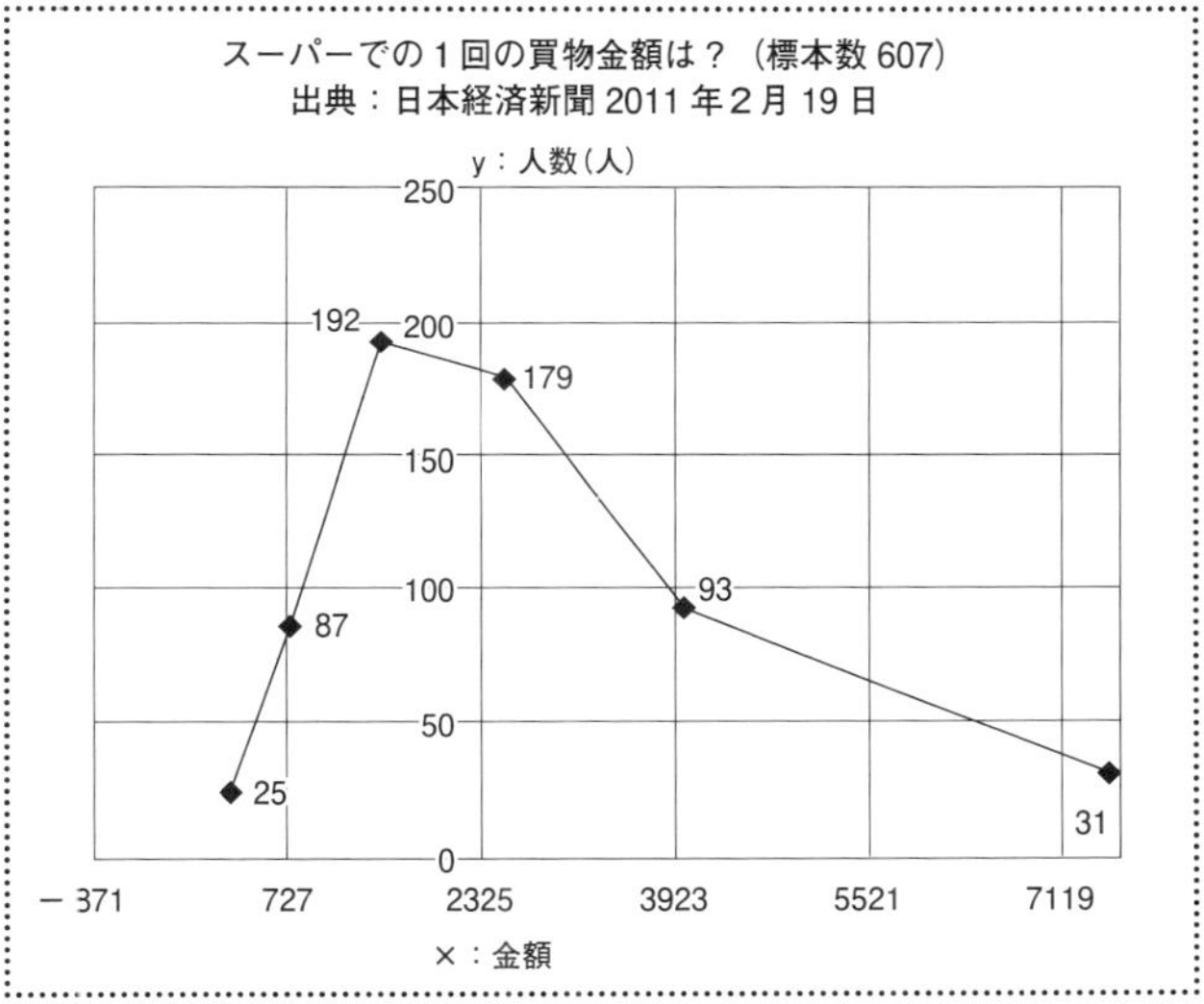

図５　度数分布図　平均m≒ 2325.4 ≒ 2325　標準偏差σ≒ 1598.4 ≒ 1598　m＋σ＝ 2325 ＋ 1598 ＝ 3923、m－σ＝ 2325 － 1598 ＝ 727　m＋２σ＝ 5521、m－２σ＝－ 871、m＋３σ＝ 7119

が得られたことになる。

続いて、度数分布表を使って、数値の全体像を図示してみよう。

ここでは、次のような原則を生かすことにする。

・平均を原点に取る
・標準偏差σを単位として横軸に新しい階級値を目盛る
・新しい階級値に対応する度数を縦軸に目に盛る

このような三原則を生かして、数値の全体像を図に表すと、図５のようになる。この図は、

「度数分布図」

と呼称する。

度数分布図の観察

図５の度数分布図を観察すると、次のことが分かる。

①分布図は、ｙ軸を対称軸として線対称になっていない
②山の頂点がｙ軸より左側にあって、全体的に右側に裾野が長い
③平均を基点にして両側の標準偏差単位１の隔たりに含まれているデータは75.4%である
すなわち、

$m - \sigma = 727$　$m + \sigma = 3923$

であるから、７２７以上で、３９２３以下に該当する度数（人数）は、

４５８（$= 87 + 192 + 179$）

であって、

「全体の75.4％」

にあたる。

これは、先の「データの観察」（１６６頁）の③で観察した意味合いの占有率の数値よりも大きい。このことは、この範囲での占有率が大きいのは、平均値に近い金額に集まっていることである。

④平均から標準偏差の２倍の位置を超えているのは、３１（人）である

すなわち、数値３１は、$m + 2\sigma = 5521$ 以上に該当する数値であって、「データの観察」（１６６頁）の④に対応する数値である。この点から、④に当てはまる人数の３１人は、対象者６０７の全体の5.1％になるから、統計学上でも稀なケースである。

以上のように統計学の視点で①～④を見ると、

「平均（$m = 2325$）の度数がいまよりもやや高く」

「平均からの標準偏差分（$m \pm \sigma = 2325 \pm 1598$）の間に含まれる度数が今よりもやや小さい」

と、買物金額にバランスが生まれるに違いない。

しかし、

「平均から標準偏差を引いた位置（m　－σ）未満が２７（名）で、４.４パーセントである」

ことから、

「スーパーでの１回の買物金額は平均にやや集まっているからほぼ同質な買物」

になっている。

もちろん、こうした捉え方は、政治や経済の要因を捨象《しゃしょう》しているので、一面的な見方であると指摘されてもやむをえない。

これが数学の目で見ることに他《ほか》ならない。

3　アンケート作りのポイント

データの種類（前節の復習）

データには時系列データとそうでないデータがある。

①時系列でないデータは、ある時点、ある期間で集計した数値である。したがって、時点や期間内でまとまりを持つデータである。

そのデータの図表現は、

・棒グラフ

・帯グラフ

・円グラフ

などである。

②時系列データは、時の流れに沿って、日別ごと、月別ごと、年別ごと、あるいは期間ごとに、相互比較が出来るような前後のつながりを含むというデータである。

そのデータの図表現は、

・折れ線グラフ

・曲線グラフ

などである。

このように見てくると、

「時系列データは、時系列でないデータを積み重ねることで生まれる」

といってもよい。

時系列でないデータづくりの諸事例
——四種類のアンケート事例を基にして

アンケートを作るには、質問の仕方によってデータにならないこともあるから慎重さが必要である。次のような質問のアンケート例①～④を考えてみよう。

【アンケート例①】 饅頭《まんじゅう》のような和菓子とショートケーキのような洋菓子とでは、どちらをよく食べますか。どちらか一方に○をつけてください。

この例①のアンケートでは、

「二者択一」

ということになるから、

「集計処理は簡単」

である。

「両者の嗜好《しこう》傾向を百分率で数値化する」

とよい。

したがって集計結果は、

「和菓子と答えた人数をｐ」

「洋菓子と答えた人数をｑ」

とすると、

「それぞれを回答総数p＋qで割って１００倍する」

から、百分率はそれぞれ、

「p／（p＋q）×100（%）」

「q／（p＋q）×100（%）」

という計算結果になる。

番号付けアンケートの扱い方その1

次は番号付けをするアンケートである。

【アンケート例②】 珈琲、紅茶、緑茶のうち、よく飲む方から順に番号をつけてください。

このアンケートでは、

「集計結果のそれぞれに重みを付ける」

ということが必要になる。

例②の場合は、

「3個に重みを付ける」

のだから、

「1番目に3、2番目に2、3番目に1の重みをつける」

ようにするのが無難な重みの付け方になる。そして、

「集計結果の数値（各項目の回答人数）にそれぞれの重みをかけて合計を出す」

表4　どれを選ぶか、番号付けのアンケートの集計の仕方

品目	重みをつけたデータ数	百分率換算
珈琲	$a_1 \times 1 + a_2 \times 2 + a_3 \times 3 = a$	$(a / N) \times 100 = p$
紅茶	$b_1 \times 1 + b_2 \times 2 + b_3 \times 3 = b$	$(b / N) \times 100 = q$
緑茶	$c_1 \times 1 + c_2 \times 2 + c_3 \times 3 = c$	$(c / N) \times 100 = r$
合計	$a + b + c = N$	$p + q + r = 100$

備考　1）a_kはk番と記入した人数（データ数）
2）$a_k \times j$はa_kがj番目であるときの重みをかけた数値
3）他も同様である。

ようにすればよい。したがって、
「重みをつけることで、アンケートの趣旨を反映させる」
ことになる。

表4は、例②をもとに番号付けのアンケートの集計の仕方を示した一覧表である。

珈琲、紅茶、緑茶のそれぞれの回答数のデータに重みを掛けた合計は、

・珈琲がa
・紅茶がb
・緑茶がc

である。

これらの総和の

$a + b + c = N$

を使って、
「百分率」
を出す仕方である。

そして、集計結果のp、q、rを図に表す場合は、

・円グラフ

・柱状図
のいずれかを選択すればよい。

この例②のように、順序付けをするアンケートであれば、生のデータをそのまま使うにしても番号付けの番号に重みをつけて集計し、比率表現にする。

というのも、三者の嗜好の傾向を知りたいという目的があるのだから、この目的に合うように、結果を表現する仕方の最善を目指して創意工夫をしたい。

【アンケート例③】 日本酒、焼酎、ウイスキー、ビール、ワインでは、どれをよく飲みますか。よく飲むほうから番号をつけてください。

この場合は、例②と同じように、

「5個に重み付けをする」

ことになる。すなわち、

「1番目に5、2番目に4、3番目に3、4番目に2、5番目に1という重み」

をつける。したがって、

「集計結果の数値に重みをかけて合計を出す」

ということになる。

いずれにしても、

「集計は、重みに回答人数をかけて、品目ごとの合計を出す」

ことになるから、

「暗算」

で計算することが難しい。

それに集計のプロセスも複雑になる。

番号付けアンケートその２

次に、

「食べ物の好き嫌いの度合い」

を調べて、

「全体傾向を知ろう」

とする場合は、アンケートの作り方も集計の仕方も前三者と異なってくる。

【アンケート例④】 次のようなアンケートを考えよう。

・珈琲は好きですか
・肉類は好きですか
・魚類は好きですか
・生野菜は好きですか
・果物は好きですか
・ビールは旨いですか
・スポーツを見るのは好きですか
・絵画鑑賞は好みですか

このように、アンケートで、

「8項目対象の好き嫌いの程度を数値化する」

という場合は、

「同一の計算方法」

を使って、

「各項目のそれぞれを1個の数値で表現する」

ことが必要になる。

そこで考えられるのは、

「好き嫌いの程度を数値で表現する」

ことであって、

「数値をどのように当てはめるか」

が大事になってくる。

こうしたときに、

「〈好き〉と〈嫌い〉」

を両極において、

「幾つかに等分し、真ん中をゼロにしてから、正負の数を当てはめる」

という方法が考えられる。

例えば、

「等分を5個にしてみる」

と、表5の2列目のようになる。

表５　　「好き嫌い」の程度を調べるアンケートの集計の仕方

程　度	重みx_i	頻度f_i	$x_i \times f_i$
大好き	＋２	a	２a
好き	＋１	b	b
好きでも嫌いでもない	０	c	０
嫌い	－１	d	－d
大嫌い	－２	e	－２e
合　計		N	$\Sigma x_i f_i$
平　均	$(\Sigma x_i f_i) \div N$		

「好き嫌い」

のそれぞれの度合いは、

「一つの数値で表現する」

ことが出来る。

しかも、表５の最下行のように、

「平均を算出することが可能」

になる。

さらに、

「対象項目を横軸に表して、嗜好の度合いの平均を縦軸に表す」

ことも出来るから、

「各対象項目に対応する平均は柱状図あるいは折れ線図に表現する」

ことが出来る。

したがって、
・各対象項目の好きと嫌いの程度を示す平均は図全体の位置で見ることが可能になる
・対象項目全体を〈好きと嫌い〉の目で鳥瞰《ちょうかん》することができる。

さらに表5のような集計の仕方をすると、アンケートは、

「調査対象（母集団という）から無作為に選んだ人（標本という）の調査結果を集計している」

というように深読みをすれば、

「平均は期待値（数学用語）」

という確率概念を足場にして捉えられる。

番号付けアンケートその3
――日刊新聞から

次に、番号付けのアンケートが実際に新聞紙上に登場している例を取り上げてみたい。例えば、平成23年3月11日に起きた東日本大地震と津波（「3・11震災」と呼称する）は、多くの被災者を生み出し、救援も大掛かりにおこなわれてきている。

こうした経過のなかで、時々に日刊新聞の各社は、被災者向けのアンケートを実施している。これらのアンケートには、評価の回答が、

・二者択一
・三段階
・五段階

であるなど多様である。


なかでも、五段階回答で評価を求める項目には、

「政府、県、市町村の震災対応や復興対策」

▽政府の震災対応や復興対策を５段階評価してください
5（高く評価する）　0（0％）
4（ある程度評価する）　10（12％）
3（良くも悪くもない）　22（26％）
2（あまり評価しない）　28（33％）
1（全く評価しない）　25（29％）
その他　1（1％）
▽県の震災対応や復興対策を５段階評価してください
5＝2（2％）　4＝26（30％）　3＝22（26％）
2＝27（31％）　1＝9（10％）
▽市町村の震災対応や復興対策を５段階評価してください
5＝6（7％）　4＝19（22％）　3＝15（17％）
2＝27（31％）　1＝19（22％）

図６－１　３・１１震災に関する被災者向けのアンケートの一部分
出典：毎日新聞　平成 23 年６月 12 日朝刊

がとりあげられている。

そこで、３・１１震災から三ヶ月が経ったときに行われた被災者へのアンケート項目のなかから、図６—１の部分を取り上げる。

図６—１を見ると、五段階評価は、次のように表現されている。

・高く評価する
・ある程度評価する
・良くも悪くもない
・あまり評価しない
・全く評価しない

この五段階評価は、

・評価する
・評価しない

を両極としている。

したがって、重みをつけるとしたら、

・〈良くも悪くもない〉を重みゼロ
・〈評価する〉をプラス数
・〈評価しない〉をマイナス数

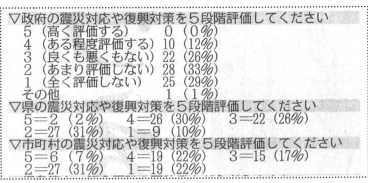

を当てはめる。

さらに、

・〈高く〉と〈全く〉は重み２

・〈ある程度〉と〈あまり〉は重み１

とすると、各項目の評価はバランスがよい重みの数値で表現される。

なお、図６―１では評価項目に５、４、３、２、１の数値が評価段階文言の頭についているが、

「これらは番号と読む」

のではなく、

「〈重み〉としてとらえ」

て、計算してもかまわない。

「重み」をつけることの意味

また一方、五段階評価のアンケートでは、

「各評価段階に沿って回答数（度数）が得られる」

から、

「各評価段階の回答数は百分率で表現する」

ということが出来る。

これが図６―１であって、

「百分率は各評価段階の占有率」

である。

しかし、残念ながら、

「各段階評価の占有率は、ひとつの項目での五段階評価のそれぞれを表現している」

に過ぎないから、

「評価全体の傾向を一つの数値で表現することが出来ない」

という、中途半端で終わっていることが分かる。

この点を打開するには、先にも述べたように、

「各段階に重みをつける」

とともに、

「平均と標準偏差」

を使うということである。

そこで、五段階のそれぞれの項目に、次のように重みをつける。

・〈高く評価する〉をプラス２

・〈全く評価しない〉をマイナス２

そして、他の３個の程度のそれぞれには、

・〈ある程度評価する〉にはプラス１

・〈良くも悪くもない〉にはゼロ

・〈あまり評価しない〉にはマイナス１

を当てはめることになる。

3・11東日本震災アンケート　出典：毎日新聞2012年6月12日朝刊

程度	程度の数値表現	度数 f_i			$x_i \times f_i$			$(x_i - m)^2 f_i$		
		政府	県	市町村	政府	県	市町村	政府	県	市町村
高く評価する	2	0	2	6	0	4	12	0.00	9.42	34.56
ある程度評価する	1	10	26	19	10	26	19	32.40	35.59	37.24
良くも悪くもない	0	22	22	15	0	0	0	14.08	0.64	2.40
あまり評価しない	-1	28	27	27	-28	-27	-27	1.12	18.60	9.72
全く評価しない	-2	25	9	19	-50	-18	-38	36.00	30.14	48.64
合計		85	86	86	-68	-15	-34	83.60	94.39	132.56
平均および分散					-0.80	-0.17	-0.40	0.98	1.10	1.54
標準偏差								0.99	1.05	1.24

図６－２　重みを付けて平均と標準偏差を算出する

こうして〈程度〉に重みをつけたのが図６―２の２列目である。
また、
・横軸に重み数値
・縦軸に重み数値に対応する度数
をとると、図６―３になる。

平均と標準偏差

このように重みをつけると、政府、県、市町村のそれぞれの程度を示す数値として、次のように平均や標準偏差が得られる。
・政府　……平均 -0.80　標準偏差 0.99
・県　　……平均 -0.17　標準偏差 1.05
・市町村……平均 -0.40　標準偏差 1.24
したがって、平均で見ると、
・マイナス傾向に大きい順は政府、市町村そして県である。
また、標準偏差で見ると、
・広がりの大きい順は、市町村、県、政府である。
一方、図６―３では、

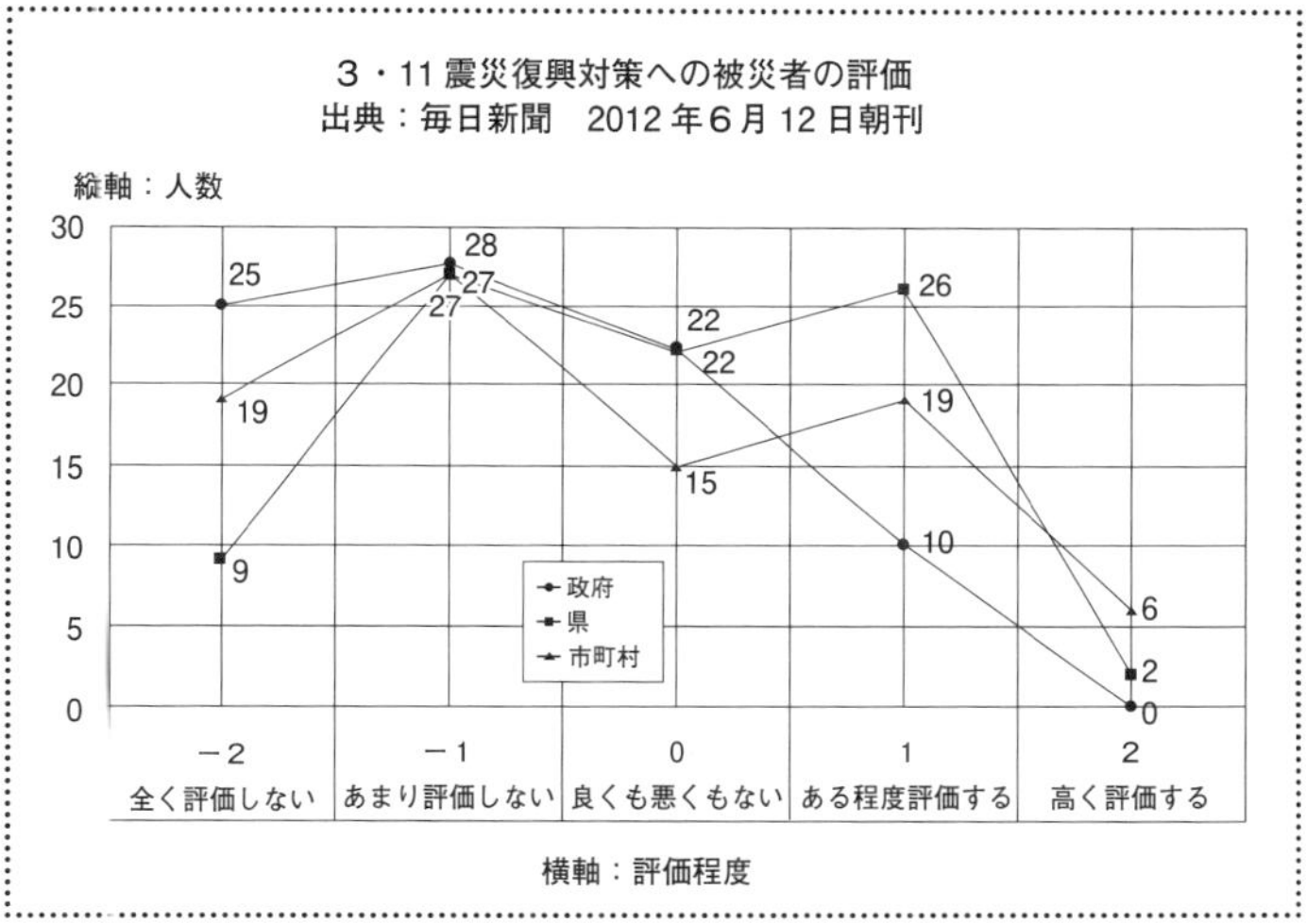

図６－３

「政府、市町村、県に対する被災者の評価がひと目で分かる」

ように見える。

けれども、図６―２で計算したように、

「平均と標準偏差が政府、県、市町村で異なるので、比較が難しい」

から、この困難を打開するには、

・平均と標準偏差を揃《そろ》える

ということになる。

「標準化」を目指す

このように平均と標準偏差を同一に揃えれば、

「同じ物差しで折れ線図を見る」

ことが出来る。

そこで、

・平均を０《ゼロ》、標準偏差を１とする

という原則で折れ線を作り変える。

このような原則での変身化は、

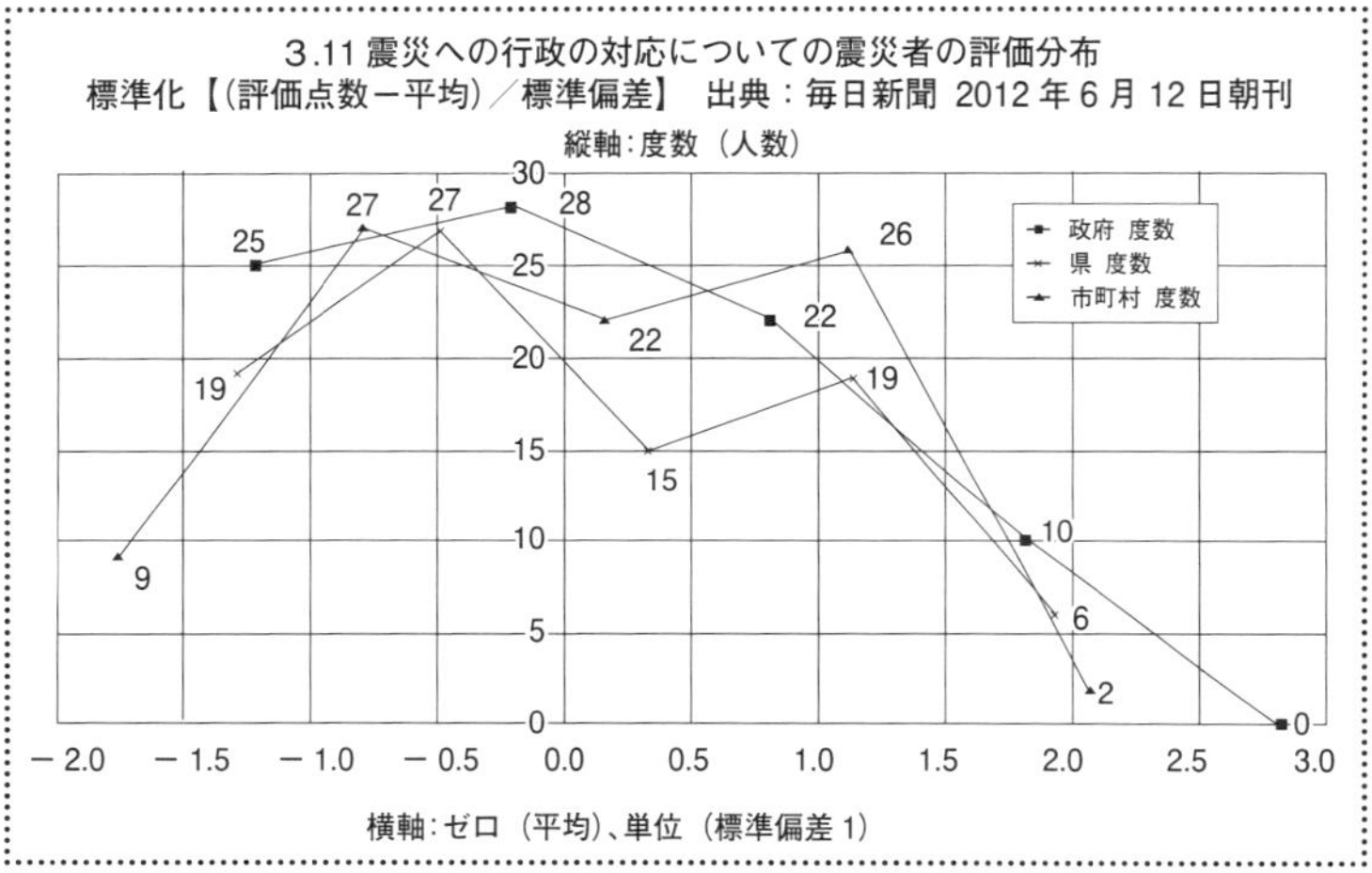

図６－４　標準化とは、平均がゼロ、標準偏差が１になるように、もとのデータを変換することである。この変換で同一の尺度で統一したグラフ化が可能になる。図の見方は、横軸の座標の０、±１、±２に注目することである。

「データの標準化」

と統計学では呼称している。

すなわち、

「標準化とは、平均をm、標準偏差をσとするとき、次のように各データ x_i を

$(x_i - m) \div \sigma$

に置き換える（変換）」

ことである。

このように変換すると、図６—３の折れ線は、図６—４のように変わる。

標準化された折れ線の観察

図６—４で注目する第一は、

「横軸の目盛」

であって、

・横軸目盛の原点は平均（三者同一）

・横軸の単位幅１は標準偏差

・いずれも三者同一

になっていることである。

第二に注目したいのは、

「縦軸の両側の折れ線の形状」

であって、

「縦軸を軸として左右対称な折れ線になっているかどうか」

である。

さて、図６―４を眺めてみると、
・三者とも左右が対称になっていない折れ線
・一個の山なりの折れ線もある
・二つの山になって、へこんでいる折れ線もある
・いずれも形状は不恰好
である。

したがって、

「折れ線図から分かる特徴は、参考程度にとどめる」

ことが、

「統計学上で望ましい」

といわれるであろう。

折れ線図からわかる特徴とは？

参考までに、図６―４の折れ線図からわかることは何か。

例えば、政府の折れ線を見ると、次のことが分かる。
・縦軸の左側に位置する度数は５３（25＋28）
・縦軸の右側の度数は３２（22＋10）
・左右の合計度数は８５で、全回答数に当たる
また、個々の回答数は、
・いずれも、マイナス２以上、プラス２以下に含まれている
ということも分かる。このことは、
・個々の回答が統計学上で解釈される９７パーセント内*）に含まれている
・回答者全体の評価としては例外がなく妥当な範囲内にあることを示している
ということになる。

＊）母集団のデータを標準化した図に表したとき、縦軸上に山の頂《いただき》があって両側に裾野が広がっているような線対称図形（正規分布の図形という）であるような特徴を持っていると、横軸の目盛が－2以上、＋2以下である場合の度数は、９７パーセントであると、統計学理論から得られている。また、－1.５以上、＋1.５以下の場合は９５パーセントである。

一方また同様に、政府の折れ線を見ると、次のことも分かる。
・－1.５以上、＋1.５以下に含まれるのは、除外すべき１０を引いた７５である
・この範囲に全体の９５パーセントが含まれるようであれば〈妥当〉といわれるが、約８８パーセントである（75÷85×100＝88.2…）
・除外されている１０が回答者全体の評価の足を引っ張っている

言い換えると、

・横軸の目盛が＋1.5を越えているという度数が１０であることは、統計学から見たとき、４～５だけ多い（85×0.96＝80.75）

といえるから、

・この評価は廃棄することが妥当である

ということになる。

つまり、政府の対応を、

「ある程度評価する」

とした評価は、

・集団全体の評価から見ると、やや減ってもおかしくない

ということになる。

このような視点で、県や市町村の折れ線を見ると、いろいろな結論が生まれる。

4　時系列データの観察の仕方（1）

事例、「お米」の自給自足は可能か？

日常現象のデータ化

データを捉えるといっても、

「観察する対象の範囲」

も考慮しなければならない。

また、日常の現象に目を向けるにしても、

「時々刻々と変化する現象」

もあれば、

「長期的に捉える現象」

もあってさまざまである。

したがって、

「日々変化する現象を観察しようとすると、日別の時系列データ」

を観察することになる。

また、

「年々変化する現象を観察しようとすると、年次別の時系列のデータ」

を観察することになる。

自分で測定ができる場合とそうでない場合

さらに、たとえば、

「体温や血圧を観察する」

となると、

「自分で測定する」

ことができる。

また、室内温度を観察すると、

「温度計を固定して自分で測定する」

ことが出来る。

こうした日常現象は、

「自分でデータ化する」

ことが可能である。

けれども、

「自分で測定が出来ないような広範囲な現象を観察したい」

ということになると、

「他に頼らなければならない」

ということになる。

こうした広範囲な現象でも、

「国や都道府県、市町村にかかわる場合は公的機関で調査している」

のだから、

「関係機関のホームページを検索」

してデータを見ることができる。

例えば、
・日本人の人口は、年々どのように変化しているのか
・海外旅行に出掛ける人は最近増えているのか
・コーヒーの輸入量の年々増減
・携帯電話の利用動向
などの変動現象を調べるなら、

「総務省統計局のホームページ」

を検索する。

こうしたデータとの出合いの良さは、

「官庁にも数値文化が花開いている」

からである。

日常食品でも生産地が気になる
――仮現実、主婦のAさん

時系列データでも、

「人々が関心を寄せるのは食料品である」

に違いない。何よりも、

「最近では世界の経済動向は、身近な食卓を刺激している」

ことが多い。

　食卓に並ぶ食品に目を向けると、

「添加物」

が目に留まる。

　最近は、系列鮨店の鮨にも保存料の、

「ソルビット」

が添加されている。ｄ
　これも、

「手作り食品が食中毒にならないように」

と、細心の注意を払って、食品を生産しているという事例になるのかもしれない。

　一方また、食品には、

「国産」

と共に、

「外国産」

も登場している。

最近では、野菜や魚、肉をはじめ加工食品にも外国産に触《ふ》れる機会が頻繁である。

「きょうはすき焼きにするわね」

と朝、家族に約束して会社に出勤したAさん。仕事の帰りにスーパーで買物する。

「この牛肉は国産なのかな?」

とパックのラベルを見る。

「オーストラリア産だわ」

と、国産よりも安いのかしらと、次のパックへ。

「これはアメリカ産だわ」

と、Aさんはラベルを見て合点する。

こうして外国産の牛肉を手に取って観察しているうちに、

「国産」

をやっと手にする。

しかし、値段を見ると、

「国産は、外国産に比べて高い」

と、Aさんは買うかどうか少し迷う。

「でも、国産にしよう」

と、二つのパックを店の専用籠《かご》に入れる。

「こんなに輸入にばかり頼っていて大丈夫なのかしら。それにしても、〈お米〉はどうなのかしら」

と、主食の「お米」が気になる。

こうした買物風景は、よく見られる。

「お米」の生産量
――時系列データの観察例

「お米」と言えば、休耕田や古米が話題になって久しい。いま日本の米作りはどうなっているのだろうか。

「農林水産省のホームページ」

を検索して、

「長期統計」

を見ると、

「水稲収穫量の推移データ」

に出合う。

「このデータは大事だぞ」

と、心で呟《つぶや》きながら、パソコン画面を見ると、

「半世紀前からの時系列データが蓄積されている」

ということに気付かされる。けれども、これを使うと、

「過去に遡《さかのぼ》りすぎる」

から、そこで、

「平成元年から平成２２年まで」

表６　水稲収穫高推移
出典：農林水産省ホームページ
2011 年 6 月 10 日検索

平成	収穫高 千トン
1	10297
2	10463
3	9565
4	10546
5	7811
6	11961
7	10724
8	10328
9	10004
10	8939
11	9159
12	9472
13	9048
14	8876
15	7779
16	8721
17	9062
18	8546
19	8705
20	8815
21	8466
22	8478

のデータを引用することにする。

これが表６である。表６を観察すると、次のことが分かる。

①この期間の最大と最小を見ると、次のようになる。

・最小値は、平成１５年の７７７９（千トン）
・最大値は、平成６年の１１９６１（千トン）
・最大値と最小値の差は、４１８２（千トン）

②平成元年から９年までを概観すると、落ち込みの年もあるにせよ、
・ほぼ１千万トン前後の生産高を維持する

③平成１０年以降、２２年まで、
・凸凹があるにせよ、年々減少の傾向が続いている
・この間、９千万台前後を行き来している

このなかで、
・平成１５年は７百万台に極端に落ち込んでいる

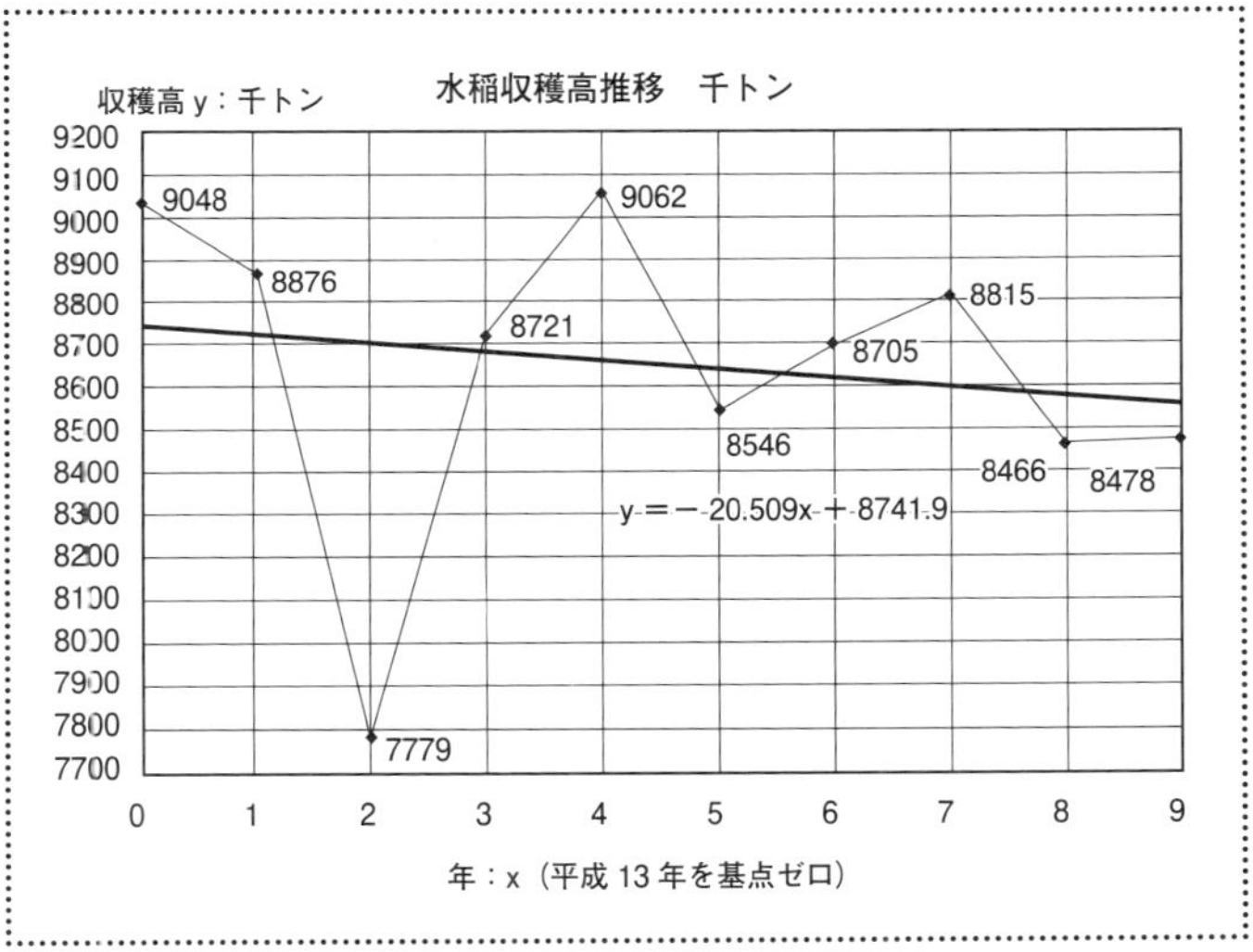

図７　平成 13 年以降の 10 年間の水稲収穫高の減少傾向は続き、直線近似で見たときに毎年 20.509（千トン）の減少である。

・近年の平成２１年と２２年は、　８千４百万トンの生産高
ということが読み取れる。

データの特徴を掴むには作図へ

この点を踏まえて、さらに最近の減少傾向・特徴を知ろうとすると、過去の１０年間に目が向く。

そこで、表６から、

「平成１３年以降のデータ」

を図に表すと図７の折れ線図になる。

これは、

「パソコンソフトのエクセルを使う」

ことで得られる。


折れ線には、次の特徴がある。

・上下にゆれて凸凹している
・平成１５年（x－２）が深い谷底
　になっている

さらに、エクセルで、

「凸凹な折れ線を直線で近似する」

ことが出来るから、この直線すなわち、

「近似直線」

を求める。しかも、

「近似直線の式」

も得られるから、

「水稲収穫高の未来を予測する」

ことができる。

このようにパソコンソフトのエクセルの利便性を生かすと、未来の水稲収穫高が得られるから、
この計算をする。

未来の水稲収穫高を予測する

図7にも示したように、未来の水稲収穫高を予測するという式は、次のようになる。

$$y = -20.509x + 8741.9$$

この直線の式で、

「xの係数*）」

を見ると、
・-20.509（単位、千トン）
であるから、

・毎年約２万トンの減収
になっている。

この減収傾向は今後も続くのかも知れない。
＊）ｘの係数は、ｘの変化量１に対してｙの変化量を表わすから、年毎の増減量を示す。

現在の水稲収穫高は一人当たりにすると？

このように、

「水稲の収穫高は年々減少している」

という調査結果が出ている。

けれど、

「日本人一人ひとりを賄《まかな》う量は確保されているのだろうか」

という、被災時を念頭に置いての切羽詰《せっぱつま》った時を想定して、

「自給自足の〈お米〉の量」

が気にかかる。

そこで、まず日本の人口を調べると、

「平成２１年の人口は１億２７５１万」（万人単位としての概算）

であって、

「平成２１年の水稲収穫高が８４６６（千トン）」

であるから、単純計算であるが、

・年間の一人当たりの水稲収穫高は、約 66. 394 キログラム
（8466000000 ÷ 127510000 ≒ 66. 394（キロ））

という結果になる。これを月単位に直すと、
・（一ヶ月あたり）一人当たり約 5.5　キログラム　（66. 394 ÷ 12 ≒ 5.5（キロ））
である。

さらに一日単位に直すと
・（一日当たり）184. 4 グラム　（55000 ÷ 30 ＝ 184. 4（グラム））
ということになる。

一方、重さをかさ《いい》（体積）に変換すると、

「1俵は60キログラムで、体積に直すと尺貫法で4斗《と》である」

そしてまた尺貫法で、

「1斗は10升《しょう》、1升は10合《ごう》」

と換算が出来るから、

「1合は約150グラム」（60000 ÷ 400 ＝ 150）

にあたる。

したがって、
・一日あたりの 184. 4 グラムは 1. 2 合に当たる（184. 4 ÷ 150 ≒ 1. 2）
ということになる。

このように見ると、

・〈お米〉の自給自足が可能なのは、一人当たり毎日1.2合の程度であって、この量は、

・〈おむすび〉にして2個程度の自給自足は可能ということになる。

結局、いまの水稲収穫高であると、

「一人あたり、1日1食分は確保されている」

ことになる。

では、残りの二食分はどのようになるのだろうか。食べないで我慢するということになる。

「それは困る！」

5　時系列データの観察の仕方（2）

時を刻《きざ》む数値に強くなろう！

前節で見たように、

「時系列データは、番号付けられたデータの列」

であるから、

「データは横にも縦にも順序を崩さないで並べることが出来る」

という特徴がある。

　これは時系列データのよさでもあり、数学では、

「数列」

と呼称している。したがって、

「時系列データは数列である」

といえる。

時系列データの見方1

　確かに「数列」
というと、

「高校数学の２年次ごろに学ぶ」

から、

「必修科目の内容ではない」

といって、

「学ばないで卒業してしまう人もいる」

に違いない。

　けれども、

「〈数列〉の対象に時系列データが含まれている」

としたら、

「あの時に学んでおけばよかった」

と、思う人もいるであろう。

　過去のことはともかくとして、

「数列の見方は、日常的である」

から、次の①と②の二つである。
　①二項の前後を差で見る
　前後の差に凸凹があるとき、

「凸凹差が、ある幅の中に、ほとんど入ってしまう」

か、それとも、

「否か」

を観察する。

「幅にほとんど入ってしまうならば、この差をならして」

いく。すなわち、

「相加平均*1)」

をとって、

「公差」(数学用語)

とする。

このとき、

「時系列データは等差数列」(数学用語)

である。

けれども、

「凸凹差がある一定の幅に入らないようであれば、時系列データは等差数列にならない」

ことになる。
②二項の前後を比率で見る
時系列データが等差数列にならない場合は、前後の二項比率をとる。このとき比率に凸凹がある
とき、
「ある一定の幅に比率の凸凹がほとんど入る」
か、それとも
「否か」

を見る。

「ある一定の幅に比率の凸凹が入っている」

なら、

「これらのデータの相乗平均[*2]」

をとって、

「公比」（数学用語）

と呼称する。

「時系列データは等比数列」（数学用語）

である。

　けれども、

「比率の凸凹がある一定の幅に入らないならば、時系列データは等比数列にならない」

ことになる。

時系列データの見方２

　時系列データは、

「数列として捉えることが出来るのだが、数列として矮小化《わいしょうか》してはいけない」

ということも言っておかなければならない。

　数列としてのデータは、

（注）＊１）**相加平均**
　ｎ個のデータを次のように書く。

$$x_1 ,\ x_2 ,\ x_3 ,\ \cdots,\ x_n$$

このとき、

$$\frac{x_1 + x_2 + x_3 + \cdots + x_n}{n}$$

を<u>相加平均</u>という。略して、<u>平均</u>という。
＊２）**相乗平均**
　ｎ個のデータの積を作ってのｎ乗根、すなわち、

$$\sqrt[n]{x_1 \times x_2 \times x_3 \times \cdots \times x_n}$$

を<u>相乗平均</u>という。

「番号付けが出来るというメリットがあるという反面、デメリットになる」

こともある。

というのも、

「時の流れは連続であるが、数列では無視される」

からである。

このようなデメリットが生まれる要因は、

「人もコンピュータも連続的な変化を連続的に数値化することができない」

という限界が生み出している。

そのため、

「やむを得ず数列のように離散的（番号付き）データとして扱う」

ことになる。

こうして人間や機械の限界を補充するように、

「時系列データは、出来るだけ時間経過が捉えられるように扱う」

ことが必要になる。

だから使われる手法は、

「単位時間の幅を細かくする」

ことが求められる。

確かにいまパソコンを使うと、データ取りは秒単位で可能であるという。この話は工学専攻の友人から聞いたのだが、計測器の精度が高められているからである。

しかし、所詮《しょせん》、機械であるのだから、おのずと限界があって、データは番号付きにならざるをえない。

そこで、

「データを図に表現することで〈時の連続性〉を補う」

ことになる。

時系列データを扱うときには、

「時の連続性を踏まえて、前後のデータを異なる二点として捉える」

とともに、

「両者を結びつける」

ことを目指す。

このとき、結びつける線の表現としては〈折れ線〉や〈曲線〉の二種類がある。

前掲の図７（２０５頁）は、時の連続性を補うために折れ線を取り入れているが、曲線としての扱いも可能である。

しかし曲線では、その式化が難しい。

時系列データ表から図表現へ

それでは、時系列データ表から、これらのデータを図に表現するには、次の手順が必要である。

【作業手順】

例として表６（２０４頁）と図７を使って説明する。

①元号・西暦と水稲収穫高の単位はそのまま生かす
②元号・西暦を生かして、１年を単位にして横軸に目盛をつける
③縦軸には収穫高の最小値と最大値を念頭に単位量の幅を決めて目盛をつける
その際に、

「縦軸は、従来からの原則を生かして、スタートはゼロ」

とする。

しかし、

「この原則を破棄して最小値に近い区切りの数値をスタートにする」

こともよい。

この理由は、時系列データの見方として、

「変動が分《わ》かり易《やす》くなるようにする」

という狙《ねら》いがあるからである。

こうした狙いを生かして、図７の縦軸のスタートは７７００（千トン）になっている。
④横軸と縦軸の目盛が確定したら、両軸の目盛を通るような鉛直と水平な格子を作る
この格子は、機械でも手でも連続的に表現することができないけれども、交点が連続的に平面上のいたるところに存在しているとみなす。

このように横軸も縦軸も目盛は、連続的に存在しているとみなすと、

「平面上の点は鉛直と水平の二つの直線の交点」

として捉えられる。

⑤平面上の点に、対応する二つのデータの組（横軸数値、縦軸数値）を対応させる
⑥対応する二つのデータの組のすべては点列のようにして描く
さらに時の流れは連続であるから、
⑦隣り合う二つの点を線分で結ぶ
こうして、時系列データは、
⑧折れ線
に変身する。

この際に、二点間を弧のようにして結ぶと曲線が出来るけれど、曲線の式化が難しいのであまりやらない。

このようにして描かれた図は、統計図であって、まだ数学の対象にならない。

数学の対象になるような図の作成

データ表から数学の対象になるような図を作成するには、

「横軸を元号・西暦とするわけにはいかない」

「縦軸も量単位でなく数値表現にする」

から、次のような順序で作業する。
①起点をゼロに設定する。図７では、平成１３年を基点のゼロにしている
②横軸の１年単位を１とする（量単位をつけない）
このことは量単位を捨象した時刻を横軸に目盛っていることに他ならない。

③縦軸は千トン単位を1とする（量単位をつけない）
ただし、縦軸はゼロからスタートさせなくてもよく、また縦軸に使うデータは概数でもよい。
④縦軸と横軸の単位の長さは揃ってなくても可である
なぜなら、変動を視覚で考察することがねらいであるからである。
⑤両軸の目盛ができあがったら、データ表をもとにして点列の図を描く
その際、パソコンソフトのエクセルを使う場合は、散布図キーを使うとよい。

数学としての時系列データ図の考察

①横軸を基にして縦軸を見る

すなわち、

「折れ線を左から右へと鳥瞰的にみる」

と同時に、

「折れ線の揺れ・変動を縦軸の上下でみなおす」

ということになる。

この両者を同時に捉える仕方は、

「図形に内在する法則性を探す」

ためである。

また、

「法則性は数学用語で言い換えれば〈関数〉のことである」

から、この捉え方は、

「関数的視点」

ということになる。

②図（グラフ）の特徴や法則性を示す表現としては次のようになる。

・右上がり（右下がり）

・下（上）に湾曲している

・山のような（谷底のような）形状

・凸凹している

③関数的視点をもとに近未来を予測する

・定規を使って折れ線の形状を直線で近似する（定規法）。この直線を「近似直線」という。

・近似直線の式をｙ＝ａｘ＋ｂとして求める

・直線上に２点を取って２点の座標を読む

・直線の式が得られる

・直線の式の意味を捉える

このように時系列データを折れ線にして捉えるのは、最終的な目標を③とするからであって、データ図（折れ線）を直線で近似することが出来ることである。

これが図７に登場している近似直線である。

また、この直線の式は、次のようになっている。

$$y = -20.509x + 8741.9 \quad \cdots\cdots\cdots \quad (*)$$

ここで、ｘの単位量は1年を1としている。また、ｙの単位量の１は千トンである。こうして単位に目を向けて、直線の式（＊）を読む。

このときに重要なのは、

「ｘの係数」

であって、式（＊）では、－20.509である。

この係数は年度毎の水稲の収穫高を表すから、

「過去の１０年間の収穫高はおおむね年間20.509（千トン）の減少である」

と捉えられる。

また直線（＊）は、

「将来年度の予測もすることが可能になる」

ということである。

例えば、平成２３年度の収穫高を予想すると、

「ｘ＝10として、式（＊）のｘに10を代入して、y=8536.81が得られる」

から、ｙの値が推測値になる。

なおここで、図7を見ると、近似直線は、データの折れ線図よりもやや上方にあるから、高めの収穫高を予想しているともいえる。

このように近似直線を求めると、直線の式から、予測値が得られるので、未来の収穫高を予測することができる。

変動を式表現するために

いま見てきたように、

「変動に規則性があれば、式化を目指す」

ことは必然である。

この規則性を数学では、

「関数」

という。

このことは前述した通りで、

「時系列データに隠れている性質・特徴・法則性」

は、関数として扱う。

すなわち、

「規則性を式表現することで関数が得られる」

という場合は、

「予測値を求めることが関数式を使って可能になる」

ということでもある。

しかし、関数を抽出することは難しい。そこで、図７でデータ図を直線で近似したように、

「データ図（折れ線）を大まかに捉えて近似的な直線や曲線で表して式化を目指す」

ということになる。

近似直線や近似曲線

近似直線や近似曲線の捉え方としては、次の四つが考えられる。

①直線的変動

・一次関数的変動であって、一次関数の式が得られる。

②下に湾曲した曲線的変動

・指数関数的変動

③縦軸が対数目盛の片対数方眼平面上での直線的変動

・指数関数的変動

④横軸が対数目盛の片対数方眼平面上での直線的変動

・対数関数的変動

⑤両対数方眼画平面上での直線的変動

・ベキ関数 $y = ax^b$ 的変動（bは小数表現になることもある）

なお、②は③で式化をすることが良い。③④⑤は「対数」の知識を必要とするが、これらの知識は学校数学の範囲を越えているが、最近では色々な数学書で平易に書かれているので学習が可能である。

筆者の次の書物を参照されたい。

岡部進著『茶の間に対数目盛　3・11震災に学ぶ』ヨーコ・インターナショナル刊

あとがき

数値文化の出来事に目を向けてあちこちを歩いていると色々な数値が目に飛び込んでくる。

「半額」

とか、

「30%off」

の類は、至る所で目にするから驚くこともないが、

「測らないと数値に表せない場面」

に出合うと面倒なことが起きる。

ある年の初夏のことであるが、宮崎・鹿児島・熊本・福岡と用事で旅した時のことである。宮崎では駅前のバスセンターで鹿児島行きのバスの時刻を調べた。出発の時刻は正確につかめたけれども、鹿児島市内の天文館繁華街に着く時刻を聞くのを忘れた。

さて、どれだけの時間がかかるのか。

「地図でバスの走行ルートを知らなければならない」

と、地図を調べても、初めて訪れる旅行者にはルートなど分かるはずがない。

それでも、

「このルートなら、時速七十キロメートルであれば、これくらいの時間はかかる」

という目安が立つはず。

結局、走行時間を割り出すことは出来なかった。

鹿児島では、焼酎の蔵元に立ち寄ったが、売店には試飲のコップが用意されていた。

「このコップの体積はどのくらいなのか」

と、日本酒用の御猪口《おちょこ》を想像した。

「10立方センチメートルから20立方センチメートルぐらいかもしれない」

と想像しつつも、この体積も測ることが出来なかった。

熊本城では、城壁を組み立てている石のサイズに興味を持って、測ることを目指した。しかし、メジャーがないから手のひらを広げて親指と小指を使って測ることにした。

けれども旅時間が迫って結果を出すまでに至らなかった。

このように旅に出て、訪れようとする先々では数値で表すことが出来ないことに気付かされる。

「数値表現に疎《うと》くなっているのかも知れない」

と、みずからを疑う。

と同時に、

「概算する」

という感性の計算が鈍くなって、量感がピンと働かないということなのかもしれない。

だから、

「対象の実像を数値で掴む」

という素早さも失われている。

これは、数値文化のなかに生活しているのにもかかわらず、

「数量感覚の退化」

ともいえるのかもしれない。

けれどもことによると、

「数値麻痺」

とでも言えるのだろうか。

確かに思い起こしてみると、

「巷には数値があふれて」

いる。

・小売店でも
・博物館でも
・美術館でも
・史跡碑でも
・どこに行っても

ほとんどの対象が数値で表されているから、

「自分で測る必要もなく」

「メジャーや電卓を持たなくてもいい」

ということもある。

つまり、

「他者が測って得られた数値を見て、自分で測ったように錯覚して、対象が分かったという、知ったかぶりをしている」

ということなのであろう。

これが、結果的に、

「数値や数学から、さようなら」

をしているともいえよう。

けれども、このことに気付いて本章で述べたように、

「生活数学の目」

で生活環境を捉え、

・建物の縦、横、高さのサイズ

・道幅のサイズ

・庭園の広さ

に目を向けるとか、或いは、

・新聞記事の数値

を見るとかすると、これらにかかわる数値が気になって、

「もっと知らなければならない」

という自己要求が生まれるに違いない。この行動の変化は、

「数値探し」

になるから、

「数値の保存場所」

を調べて探すことになる。

国に係わる大量数値・データなら、

「総務省統計局」

を検索すれば、必要な数値は探せる。

こうして、

「インターネットでの数値探し」

が日常的になる。

こうなれば、数値文化の生活のなかで数値や数学が身についてくるに違いない。

本書は、こうした道のりの道標を示すことを目指して数値文化論を展開した。

どのように読まれたのだろうか。

読者の感想を待ちたい。

岡部 進 susumu okabe

プロフィール

１９３５年神奈川県小田原市生まれ。１９５９年３月横浜国立大学学芸学部数学科卒。日本大学教授（工学部）、芝浦工業大学工学部特任教授（教職課程担当）を歴任。数学教育史専攻、著書多数。小倉金之助研究で知られる。日本文化を見つめるという視点を生かして「縦書き」で「生活数学シリーズ」を執筆。１０冊目を２０１１年刊行して完結。第２弾「続・生活数学シリーズ」をスタート。本著はその第二冊目である。現在、生活数学ネットワーク代表。

数値文化論

２０１７年３月１日　第一刷発行

著者　岡部 進

発行者　前田 洋子

発行所　生活数学ネットワーク／ヨーコ・インターナショナル

〒151-0061　東京都渋谷区初台１－５０－４

電話・FAX　０３－３２９９－７２４６

URL　http://www.yo-club.com

ISBN978-4-9905889-4-6

製本・印刷・株式会社第一印刷所

生活数学シリーズ本・案内

1．「洋算」摂取の時代を見つめる　２８４頁　２５００円
書籍コード：ISBN978-4-9904507-0-0
明治維新後の政府は西洋数学・西洋統計学の普及を目指すが、このときに活躍した人物に光を当てて、海外に目をむけていく様子を捉えた。

2．日常素材で数学する　２４１頁　２０００円
書籍コード：ISBN978-4-9904507-1-7
数学の素材は、身辺にあふれている。この中から、現代数学の中心概念を扱った。高校生・大学生の輪読に最適

3．「生活数学」のすすめ　２０５頁　２０００円
書籍コード：ISBN978-4-9904507-2-4
算数で扱っている数・量・比率、式とグラフ、確からしさなどの意味を日常とからめて平易に説明しているので、数学的素養を膨らましてくれる。

4．算数・数学への疑問から　２２１頁　２０００円
書籍コード：ISBN978-4-9904507-3-1
数学は頭で作られるもの、観念の創作という数学観を再考するには最適な書。「なるほど」と数学への固定観念が打開できるような哲学書に近い。

5．生活幾何へのステップ～形からの出発　２３１頁　２０００円
書籍コード：ISBN978-4-9904507-4-8
「論証幾何」が学校から消えて久しい。アメリカの高校幾何を紹介する中で、日本の幾何教育のあり方を再考する。

6．ここにも生活数学　２３０頁　２０００円
書籍コード：ISBN978-4-9904507-5-5
数値や数値計算が捨てられている現実に目を向けて、近似値、場合の数、時系列データ、演繹的議論、などを生活に目を向けてあつかい、その捉え方の転換と必要性を説いている。

生活数学シリーズ本・案内

7．生活文化と数学　　　　２３７頁　２０００円
書籍コード：ISBN978-4-9904507-6-2
数値が氾濫するという「数値文化」（造語）の現実を捉え、日本に見られる生活文化の内実を追求する一方で、ハワイ原住民文化の悲劇的な行方にも学ぶ。

8．競う現象と生活数学　　　　２６０頁　２０００円
書籍コード：ISBN978-4-9904507-7-9
「競争」と「競走」、「速い」と「遅い」に目を向けると、「瞬間とは」に入り込む。この「微分」への誘いの道を生活と数学の目で解説している。

9．まわるとくくりの数学　　　　２４７頁　２０００円
書籍コード：ISBN978-4-9905889-0-8
回るものは繰り返して同じ事を起こすことが出来る。こうしたものは人間にとって大事な道具である。この原理を生活と数学の目で追求している。

10．集めてはかる数学　　　　２４１頁　２０００円
書籍コード：ISBN978-4-9905889-1-5
一枚では測れないものは集めると測れる。こうした場面は日常にいろいろに見受けられる。この捉え方は、積分への道であると生活の目で解説している。

特1．知的好奇心のヒント～数値文化を考える　１７１頁　８００円
書籍コード：ISBN978-4-9904507-9-3
毎月発信中のメールマガジン『岡部進の「生活数学」情報通信』の1～16号までをまとめたもの。

続・生活数学シリーズ
1．茶の間に対数目盛　３・１１震災に学ぶ　２６５頁　１５００円
書籍コード：ISBN978-4-9905889-3-9
２０１１年（平成２３年）3月11日に起きた東日本大震災から何を学ぶか。震災規模を長期データで読むことで見えてくるもの・・・。